高等职业教育
建筑工程技术专业精品系列教材

工程测量实训指导

(第2版)

主　编 /尹继明
副主编 /吕凡任　单　青

重庆大学出版社

内 容 提 要

本书根据高等职业技能教育要求，结合近几年工程测量实践教学经验，按照高职高专实践教学的有关要求编写，是建筑工程技术专业精品系列教材《工程测量》的配套教材。全书由测量实训须知、测量课间实训、测量综合实习三部分组成。其中测量课间实训共列出了 20 个实训项目，给出实训目的、步骤与方法并介绍各种测量仪器的基本结构、使用方法与操作步骤等内容。

本书可作为高职高专院校、中等职业技术学校建筑工程、道路桥梁工程、环境工程等相关专业测量学实习实训教材，也可作为工程技术人员的参考书。

图书在版编目(CIP)数据

工程测量实训指导/尹继明主编.—2 版.—重庆：重庆大学出版社，2016.10(2020.7 重印)

高等职业教育建筑工程技术专业精品系列教材

ISBN 978-7-5624-5688-9

Ⅰ.①工…　Ⅱ.①尹…　Ⅲ.①工程测量—高等职业教育—教材　Ⅳ.①TB22

中国版本图书馆 CIP 数据核字(2016)第 243333 号

高等职业教育建筑工程技术专业精品系列教材

工程测量实训指导

(第 2 版)

主　编　尹继明

副主编　吕凡任　单　青

策划编辑：刘颖果　范春青

责任编辑：范春青　　版式设计：范春青

责任校对：任卓惠　　责任印制：赵　晟

*

重庆大学出版社出版发行

出版人：饶帮华

社址：重庆市沙坪坝区大学城西路 21 号

邮编：401331

电话：(023) 88617190　88617185(中小学)

传真：(023) 88617186　88617166

网址：http://www.cqup.com.cn

邮箱：fxk@cqup.com.cn (营销中心)

全国新华书店经销

POD：重庆新生代彩印技术有限公司

*

开本：787mm×1092mm　1/16　印张：6　字数：150 千

2016 年 10 月第 2 版　　2020 年 7 月第 7 次印刷

印数：19 001—20 000

ISBN 978-7-5624-5688-9　定价：15.00 元

前言

本书作为高职高专建筑工程技术专业《工程测量》的配套教材，主要用于测量课程课间实训和期终综合实习的教学指导。

测量实训、实习是工程测量课程从理论到实践，帮助学生巩固课堂所学知识，培养学生分析问题和解决问题的能力，训练学生实际测量作业技能的重要实践性教学环节。

本书根据工程实际需要并结合多个学校多年的实训教学经验进行编写。全书共分3部分，第1部分为测量实训须知；第2部分为课间测量实训项目，共列出20个实训项目，包括水准仪、经纬仪的认识、使用、检验及校正，水准测量、角度测量、钢尺量距等基本测量步骤和方法，导线测量、经纬仪测绘图、平面点位与高程测设、圆曲线测设等测量内容和方法，以及利用GPS确定定位控制轴线的方法、步骤；第3部分为测量综合实训指导，根据各专业测量的工作内容和要求，给出了实训的任务、方法、步骤和实训记录表格等。附录中列出了测量工作中常见单位及其换算、常规测量仪器性能指标、测量放线工技能标准等知识内容。

本书的第1部分和第2部分由扬州职业大学尹继明编写；第3部分由扬州职业大学吕凡任编写；附录部分由江海职业技术学院单青编写。编写过程中得到了苏州一光仪器有限公司的大力支持，在此表示感谢。

由于编者水平有限，书中难免存在疏漏及错误，恳请读者批评指正。

编　者

目录

第1部分 测量实训须知

土木工程测量是一门实践性很强的技术基础课，理论教学、课间实训和测量综合实习是工程测量教学中不可缺少的环节。通过工程测量实训和实习，使学生巩固测量基本理论知识，熟悉测量基本方法，掌握测量仪器操作步骤和要领，提高学生动手操作能力和运用基本知识解决工程实际问题的能力。

1. 测量实训的一般规定

①在测量实训之前，应复习《工程测量》教材中的有关内容，认真仔细地预习《工程测量实训指导》中相应项目，明确实训目的与要求，熟悉实训步骤及注意事项等。实训时，应携带《工程测量实训指导》，便于参照、记录有关数据和计算。

②实训分小组进行，组长负责组织协调工作，办理所用仪器、工具的借领和归还手续。

③实训应在规定的时间内进行，不得无故缺席或迟到、早退；应在指定的场地进行，不得擅自改变地点或离开现场。

④必须严格遵守实验室的《测量仪器工具的借领与使用规则》。

⑤听从教师的指导，严格按照实训要求，认真、按时、独立地完成任务。每项实训都应取得合格的成果并提交书写工整规范的实训报告，经指导教师审阅签字后，方可归还测量仪器和工具，结束实训。

⑥实训过程中，应遵守纪律，爱护现场的花草、树木和农作物，爱护周围的各种公共设施，任意砍折、踩踏或损坏者应予赔偿。

2. 测量仪器、工具的借领与使用规则

测量仪器都是比较贵重的设备,尤其是目前在向精密光学、机械化、电子化方向发展而使其功能日益先进的同时,其价格也更昂贵。对测量仪器的正确使用、精心爱护和科学保养,是从事测量工作的人员必须具备的素质和应该掌握的技能,也是保证测量成果精度、提高测量工作效率、发挥仪器性能和延长其使用年限的必要条件。为此,特制订下列测量仪器使用规则和注意事项,在测量实训中应严格遵守和参照执行。

1)仪器、工具的借领

①在教师指定的地点办理借领手续,以小组为单位领取仪器、工具,并向实验室人员办理借用手续。

②借领时应按本次实训所用的仪器、工具当场清点。检查实物与清单是否相符、仪器工具及其附件是否齐全、背带及提手是否牢固、脚架是否完好等。如有缺损,进行修补或更换后领出。

③离开借领地点之前,必须锁好仪器箱并捆扎好各种工具;搬运仪器工具时,必须轻取轻放,避免剧烈震动。

④借出仪器工具之后,不得与其他小组擅自调换或转借。

⑤实训结束,应及时收装仪器、工具,清除接触土地的部件(脚架、尺垫等)上的泥土,送借领处检查验收,消除借领手续。如有遗失或损坏,应写出书面报告说明情况,进行登记,并按有关规定给予赔偿。

2)测量仪器使用注意事项

①携带仪器时,应注意检查仪器箱盖是否关紧锁好,拉手、背带是否牢固。

②打开仪器箱之后,要看清并记住仪器在箱中的安放位置,避免以后装箱困难。

③提取仪器之前,应注意先松开制动螺旋,再用双手握住支架或基座轻轻取出仪器,放在三脚架上,保持一手握住仪器,一手旋紧连接螺旋,使仪器与脚架连接牢固。

④装好仪器之后,注意随即关闭仪器箱盖,防止灰尘和湿气进入箱内。仪器箱上严禁坐人及压放重物。

⑤人不得离开仪器,切勿将仪器靠在墙边或树上,以防跌损。

⑥在野外使用仪器时,应该撑伞,严防日晒雨淋。

⑦若发现透镜表面有灰尘或其他污物,应先用软毛刷轻轻拂去,再用镜头纸擦拭,严禁

用手帕、粗布或其他纸张擦拭，以免损坏镜头。观测结束后应及时套好物镜盖。

⑧各制动螺旋勿扭过紧，微动螺旋和脚螺旋不要旋到顶端。使用各种螺旋都应均匀用力，以免损伤螺纹。

⑨转动仪器时，应先松开制动螺旋，再平稳转动。使用微动螺旋时，应先旋紧制动螺旋。动作要准确、轻捷，用力要均匀。

⑩使用仪器时，对仪器性能尚未了解的部件，未经指导教师许可，不得擅自操作。

⑪仪器装箱时，要放松各制动螺旋，装入箱后先试关一次，在确认安放稳妥后，再拧紧各制动螺旋，以免仪器在箱内晃动受损，最后关箱上锁。

⑫测距仪、电子经纬仪、电子水准仪、全站仪、GPS 等电子测量仪器，在野外更换电池时，应先关闭仪器的电源；装箱之前，也必须先关闭电源，才能装箱。

⑬仪器搬站时，对于长距离或难行地段，应将仪器装箱，再行搬站。在短距离和平坦地段，先检查连接螺旋，再收拢脚架，一手握基座或支架，一手握脚架，竖直搬移，严禁横扛仪器进行搬移。罗盘仪搬站时，应将磁针固定，使用时再将磁针放松。装有自动归零补偿器的经纬仪搬站时，应先旋转补偿器关闭螺旋将补偿器托起才能搬站，观测时应记住及时打开。

3）测量工具使用注意事项

①水准尺、标杆禁止横向受力，以防弯曲变形。作业时，水准尺、标杆应由专人认真扶直，不准贴靠树上、墙上或电线杆上，不能磨损尺面分划和漆皮。塔尺的使用，还应注意接口处的正确连接，用后及时收尺。

②测图板的使用，应注意保护板面，不得乱写乱扎，不能施以重压。

③皮尺要严防潮湿，万一潮湿，应晾干后再收入尺盒内。

④使用钢尺时，应防止扭曲、打结和折断，防止行人踩踏或车辆碾压，尽量避免尺身着水。携尺前进时，应将尺身提起，不得沿地面拖行，以防损坏分划。用完钢尺，应擦净、涂油，以防生锈。

⑤小件工具如垂球、测钎、尺垫等的使用，应用完即收，防止遗失。

⑥测距仪或全站仪使用的反光镜，若发现反光镜表面有灰尘或其他污物，应先用软毛刷轻轻拂去，再用镜头纸擦拭。严禁用手帕、粗布或其他纸张擦拭，以免损坏镜面。

3. 测量记录与计算规则

①所有观测成果均要使用硬性(2H 或 3H)铅笔记录，同时熟悉表上各项内容及填写、

计算方法。

②记录观测数据之前,应将表头的仪器型号、日期、天气、测站、观测者及记录者姓名等无一遗漏地填写齐全。

③观测者读数后,记录者应随即在测量手簿上的相应栏内填写,并复诵回报,以防听错、记错。不得另纸记录事后转抄。

④记录时要求字体端正清晰,字体的大小一般占格宽的一半左右,字脚靠近底线,留出空隙作改正错误用。

⑤数据要全,不能省略零位。如水准尺读数 1.300,度盘读数 30°00′00″中的“0”均应填写。

⑥水平角观测,“秒”值读记错误应重新观测,“度”、“分”读记错误可在现场更正,但同一方向盘左、盘右不得同时更改相关数字。垂直角观测中“分”的读数,在各测回中不得连环更改。

⑦距离测量和水准测量中,厘米及以下数值不得更改,米和分米的读记错误,在同一距离、同一高差的往、返测或两次测量的相关数字不得连环更改。

⑧更正错误时均应将错误数字、文字整齐划去,在上方另记正确数字和文字。划改的数字和超限划去的成果,均应注明原因和重测结果的所在页数。

⑨按四舍六入、五前单进双舍(或称奇进偶不进)的取数规则进行计算。如数据 1.1 235和 1.1 245 进位均为 1.124。

第2部分　测量课间实训

测量课间实训是“工程测量”课堂教学期间讲授某一章节以后安排的实践性教学环节。通过实训，加深对测量基本概念的理解，初步掌握测量工作的基本方法和实际操作技能，也为课程后续内容的学习奠定基础。本部分列出20个实训项目，有基本的，也有结合专业的或综合的；有些实习可分次进行，有些实习可合并进行，其顺序基本上按照“工程测量”讲授的次序安排。实训项目由指导教师在每次布置实训课任务时通知，以便预习，在实训前明确实训的内容和要求。

每次实训一般安排2学时，实训小组为3～4人为宜，但也应根据实训的具体内容以及仪器设备具体条件作灵活安排，以保证每人都能参与观测、记录、辅助测量等实践。每项实训所附的测量记录表格，应在观测时当场记录，并进行必要的计算，在实训结束时上交。

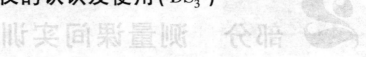

实训 1　水准仪的认识及使用(DS_3)

1. 实训目的

①了解 DS_3 级微倾式水准仪的基本构造和性能。

②熟悉水准仪各部件的名称及功能。

③掌握水准仪的使用方法。

2. 仪器设备

每组 DS_3 水准仪 1 台、三脚架 1 个、水准尺 1 对、记录板 1 个。

3. 实训任务

每位同学完成整平水准仪 4 次、读水准尺读数 4 次。

4. 实训步骤与方法

1) 认识水准仪的构造和各部件名称

图 1 为 DS_3 级微倾式水准仪的外形及各部件名称。

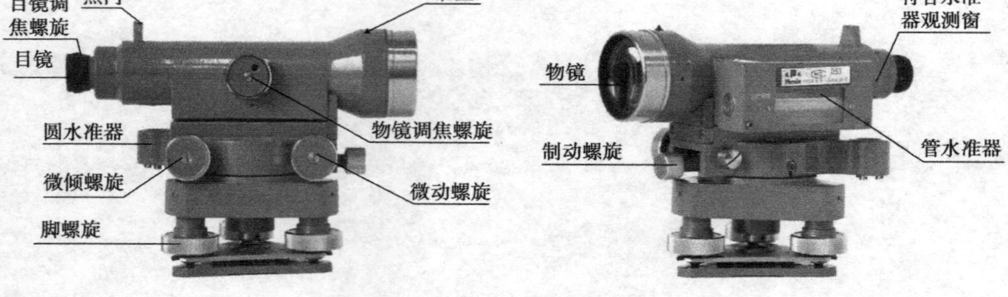

图 1　DS_3 水准仪

2)水准仪的安置与使用

(1)安置仪器

仪器所安置的地点称为测站。在测站上松开三脚架伸缩螺旋,按需要调整架腿的长度,将螺旋拧紧。先将三脚架架腿,使架头大致水平,把三脚架的脚尖踩入土中;然后把水准仪从箱中取出,放到三脚架架头上,一手握住仪器,一手将三脚架架头上的连接螺旋旋入仪器基座内,拧紧,并检查是否已真正连接牢固,关上仪器箱。

(2)粗平

粗略整平简称粗平。通过调节脚螺旋将圆水准器气泡居中,使仪器的竖轴大致竖直,从而使视准轴(即视线)基本水平。如图2(a)所示,首先用双手的大拇指和食指按箭头所指方向转动脚螺旋①②,使气泡从偏离中心的位置 a 沿①和②脚螺旋连线方向移动到位置 b,如图2(b)所示,然后用左手按箭头所指方向转动脚螺旋③立使气泡居中,如图2(c)所示。气泡移动的方向始终与左手大拇指转动的方向一致,称之为“左手大拇指法则”。

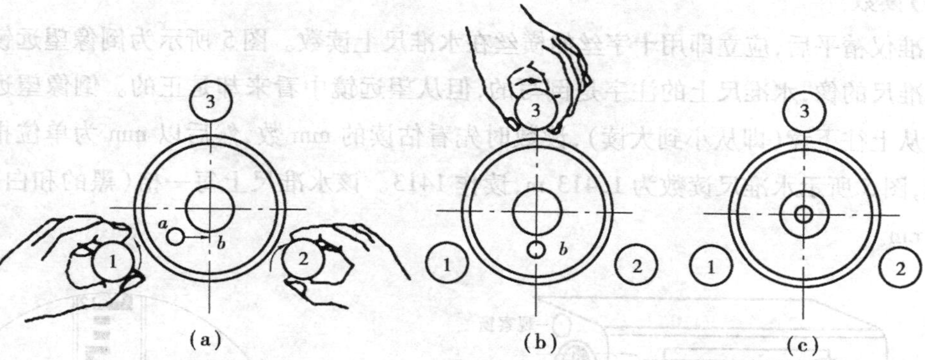

图2　使圆水准器气泡居中

(3)瞄准

瞄准目标简称瞄准。把望远镜对准水准尺,进行调焦(对光),使十字丝和水准尺成像都十分清晰,以便于读数。具体操作过程为:

①目镜调焦　将望远镜对向明亮背景,转动目镜对光螺旋,使十字丝十分清晰。

②初步瞄准　松开制动螺旋,用望远镜上的缺口和准星瞄准水准尺,旋紧制动螺旋固定望远镜。

③物镜调焦　转动物镜对光螺旋,使水准尺成像十分清晰。

④精确瞄准　用微动螺旋使十字丝靠近水准尺一侧,此时,可检查水准尺在左、右方向是否有倾斜,如有倾斜,则要指挥立尺者纠正。

⑤消除视差　转动微动螺旋使十字丝竖丝位于水准尺上,如果调焦不到位,就会使尺子成像面与十字丝分划平面不重合,如图3所示,此时,观测者的眼睛靠近目镜端上下微微

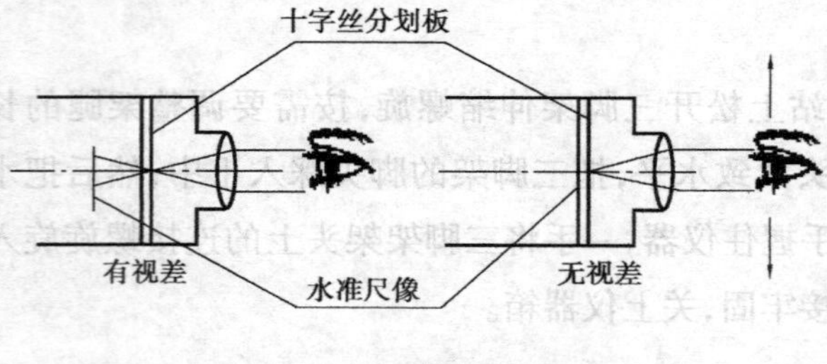

图3　视差的产生

移动就会发现十字丝横丝在尺上的读数也在随之变动,这种现象称为视差。视差的存在将影响读数的正确性,必须加以消除。消除视差的方法是仔细地反复调节目镜和物镜对光螺旋,直至尺子成像清晰稳定,读数不变为止。

(4)精平

精确整平简称精平。就是在读数前转动微倾螺旋使水准管气泡居中(气泡影像符合,图4),从而达到视准轴精确水平的目的。由于气泡影像移动有惯性在转动微倾螺旋时要慢、稳、轻,速度不宜过快。

必须指出,由于水准仪粗平后,竖轴不是严格铅直,当望远镜由一个目标(后视)转到另一目标(前视)时,气泡不一定符合,应重新精平。气泡居中符合后才能读数。

(5)读数

水准仪精平后,应立即用十字丝的横丝在水准尺上读数。图5所示为倒像望远镜所看到的水准尺的像,水准尺上的注字是倒写的,但从望远镜中看来却是正的。倒像望远镜中读书应从上往下读(即从小到大读),读数时先看估读的mm数,然后以mm为单位报出四位读数,图5所示水准尺读数为1.413 m,读作1413。该水准尺上每一格(黑的和白的)都表示1 cm。

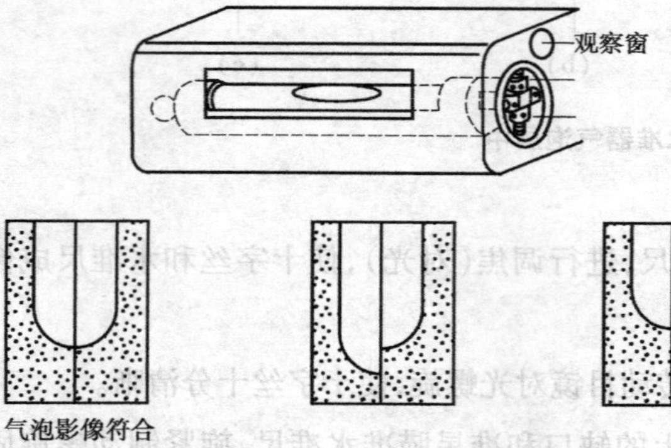

图4　调整气泡影像符合

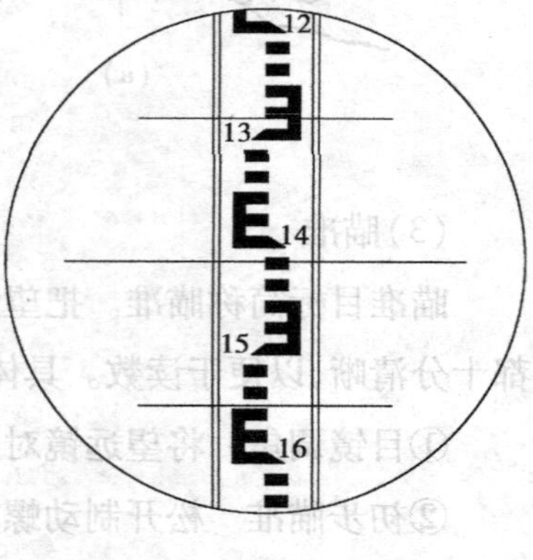

图5　水准尺读数

特别注意:每次读数前,都必须使水准器气泡居中。

综上所述,水准仪的基本操作程序可以归纳如下:

安置—粗平—瞄准—精平—读数

5. 实训记录

（1）水准仪由__________、__________、__________组成。

（2）水准仪粗略整平的步骤是：

____

____

____

____

____。

（3）水准仪照准水准尺的步骤是：

____

____

____

____

____。

（4）水准尺读数步骤是：

____

____

____

____

____。

（5）在实训场地的测站点以外 50 m 左右分别选择 *A*,*B*,*C*,*D* 四个点。

A 点处的水准尺读数是：__________；*B* 点处的水准尺读数是：__________；

C 点处的水准尺读数是：__________；*D* 点处的水准尺读数是：__________。

（6）消除视差的方法是：

____

____

____

____

____。

实训2　普通水准测量

1. 实训目的

①进一步熟悉水准仪的构造及使用方法。

②学会普通水准测量的野外操作过程及方法。

2. 仪器设备

每组 DS_3 水准仪1台、三脚架1个、水准尺1对、尺垫2块、记录板1块。

3. 实训任务

每一实训小组由4人组成，轮流分工为：1人操作仪器，1人记录，2人立水准尺。每组通过设置转点完成相距较远的两点间的高差测量，推算目标点高程。

4. 实训步骤与方法

①根据实际地形，每一组在地面上选定距离较远的两点，两点间距离以能安置4~5个测站为宜。确定起始点及施测方向(假定起点高程为100.000 m)。

②在两点间布设转点，用木桩在地面上标出并进行编号。

③在每一测站上架设水准仪，粗平—瞄准—精平—读数，完成一测段测量工作，再将水准仪移至下一测站，依次完成各测段测量工作。

④计算各测段高程之和，推算目标点高程。

5. 实训记录

完成普通水准测量记录表的填写，并计算。

普通水准测量记录表

日期:____年____月____日　天气:________　仪器型号:__________组号:________

观测者:______________　记录者:____________　立尺者:____________

测点	水准尺读数/m		高差 h/m		高程/m	备注
	后视 a	前视 b	+	−		
						起点高程设为100.000 m
$\sum$						
计算校核	$\sum a - \sum b =$		$\sum h =$			

实训 3　等外闭合水准路线测量

1. 实训目的

①学会在实地如何选择测站和转点，完成一个闭合水准路线的布设。

②掌握等外水准测量的外业观测方法。

2. 仪器设备

每组 DS_3 水准仪 1 台、水准尺 1 对、记录板 1 个。

3. 实训任务

每组完成一条闭合水准路线的观测、记录与计算任务。

4. 实训步骤与方法

①从实训场地某一水准点出发，选定一条闭合水准路线。路线长度为 200 ~ 400 m，设置 4 ~ 6 个测站，视线长度为 30 m 左右。

②在起点（某一水准点）与第一个立尺点的中间安置水准仪并粗平，观测者按下列顺序观测：

后视立于水准点上的水准尺黑面，瞄准，精平，读数；

前视立于第一点上的水准尺黑面，瞄准，精平，读数；

前视立于第一点上的水准尺红面，瞄准，精平，读数；

后视立于水准点上的水准尺红面，瞄准，精平，读数。

③依次在两点间设站，用相同的方法进行观测，直至回到出发点。

④全路线施测完毕，应作线路检核，计算前视读数之和、后视读数之和、高差之和，同时进行高差闭合差的计算与调整。

5. 实训记录

普通水准测量记录表

日期:____年____月____日 天气:________ 仪器型号:__________组号:__________

观测者:______________ 记录者:________________ 立尺者:________________

测点	水准尺读数/m		高差 h/m		高程/m	备注
	后视 a	前视 b	+	−		
						起点高程设为50.000 m
$\sum$						
计算校核	$\sum a-\sum b=$		$\sum h=$			

注:要求水准尺用红、黑面分别进行观测,以检核。空格内可以这样填写: (黑面) / (红面)

实训4　水准仪的检验与校正

1. 实训目的

①了解水准仪的构造、原理。

②掌握水准仪的主要轴线及其相互之间应满足的关系。

③掌握水准仪的检验和校正方法。

2. 仪器设备

每组 DS_3 级微倾式水准仪 1 台、水准尺 1 对、尺垫 2 个、皮尺 1 把、记录板 1 块、小螺丝刀 1 把、校正针 1 根。

3. 实训任务

每组完成水准仪的圆水准器、十字丝横丝及水准管与视准轴平行关系的检验与校正。

4. 实训步骤与方法

1) 圆水准器轴平行于仪器的竖轴的检验与校正

(1) 检验

旋转脚螺旋，使圆水准气泡居中。之后将仪器绕竖轴旋转 180°，气泡仍然居中，则表示该几何条件满足，不必校正如图 6(a) 所示。如果圆气泡偏离中心，如图 6(b) 所示，则表示该几何条件不满足，需要进行校正。

(2) 校正

水准仪不动，旋转脚螺旋，使圆气泡向圆水准器中心方向移动偏离值的一半，如图6(c)粗线圆圈处，然后用校正针先稍松动一下圆水准器底下中间一个大一点的连接螺丝，如图 7 所示，再分别拨动圆水准器底下的三个校正螺丝，使圆气泡居中，如图 6(d)，校正完毕后，

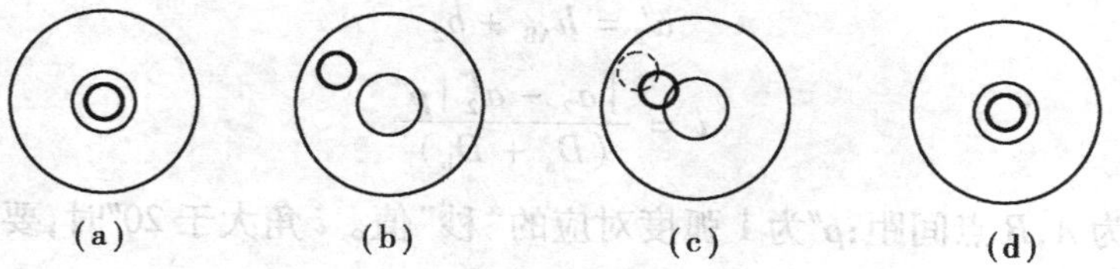

图 6　水准仪的轴线

应记住把中间一个连接螺丝再旋紧。

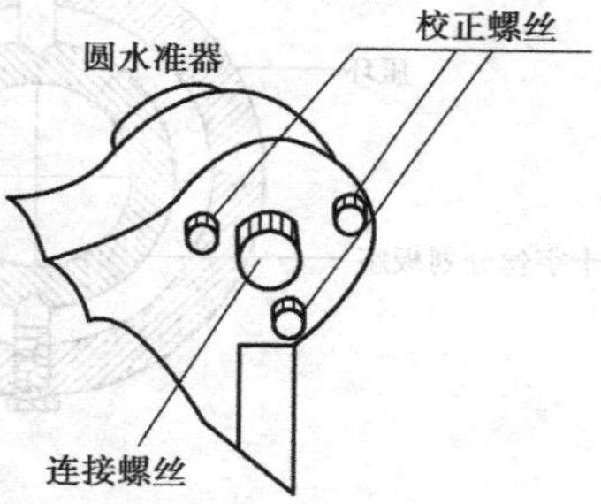

图 7　圆水准器校正螺丝

2) 水准管轴平行于视准轴的检验与校正

当水准管轴在空间平行于望远镜的视准轴时，它们在竖直面上的投影是平行的，若两轴不平行，则在竖直面上的投影不平行，其交角 i 称为 i 角误差。

(1) 检验

如图 8 所示，当存在 i 角误差的影响时，视线不在水平位置，由 i 角引起的误差随着仪器与水准尺距离的增大而增大。

当仪器位于两尺的中点 O 时，前后尺读数 a_1, b_1 中所含的 i 角影响相等，所求高差不受影响。

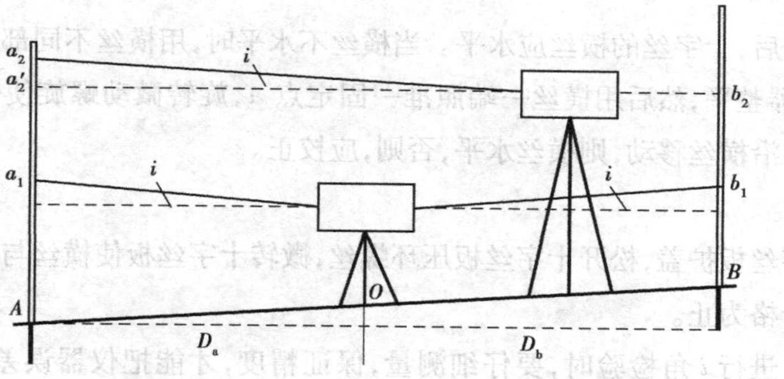

图 8　水准管轴平行于视准轴的检验

检验时，在平坦地面上选定相距 80 m 左右的两点 A, B 并置稳定的尺垫于两点处。先置仪器于 A, B 的中点 O，用两次仪器高法精确测定 A, B 间高差两次，互差小于 5 mm 取均值，此均值为不受 i 角影响的 AB 间高差测量结果，即正确高差，用 h_{AB} 表示。

置水准仪于距 B 点约 2 m 处，精平后分别读取 A, B 点水准尺读数 a_2, b_2，得 AB 间的第二次高差 $h'_{AB} = a_2 - b_2$，如果 $h_{AB} = h'_{AB}$，则两轴平行，无 i 角误差。否则，当 i 角大于 20″时，应校正。

校正时先计算仪器在 A 尺上的正确读数 a_2' 和水准管轴与视准轴的交角（因为 $h_{AB} = a_2' - b_2$，a_2' 为正确读数，b_2 距离 B 点水准尺较近，认为无误差）i：

$$a_2' = h_{AB} + b_2$$

$$i = \frac{|a_2 - a_2'|\rho''}{(D_a + D_b)}$$

式中，$D_a + D_b$ 为 A,B 点间距；ρ''为 1 弧度对应的“秒”值。i 角大于 20″时，要进行校正。

(2)校正

转动微倾螺旋使横丝在 A 尺上的读数从 a_2 移到 a_2'，此时视准轴被调水平，但水准管气泡偏离中心，调节水准管上下两个校正螺丝(位于目镜一端)至水准管两端的影像符合，水准管轴水平，校正完成。校正过程中同样需要弄清楚水准管的升降方向，按前述顺序调节校正螺丝，校正固紧有关螺丝。

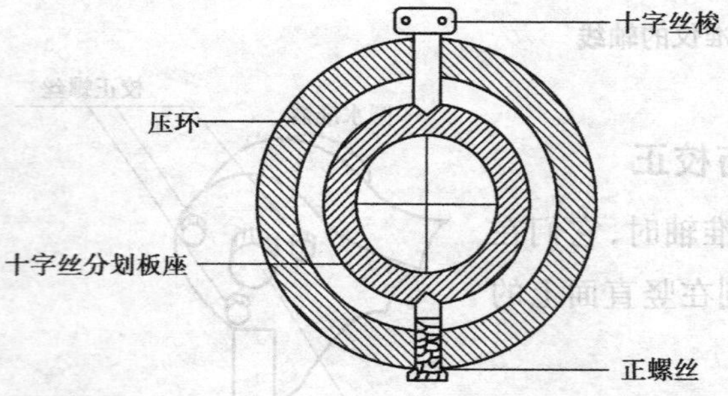

图 9　十字丝横丝校正

此法只适用于普通水准仪，对于自动安平水准仪，检验的方法相同，由于自动安平水准仪无水准管装置，故只能校正十字丝，如图 9 所示。

3)望远镜十字丝的横丝垂直于仪器的竖轴的检验与校正

(1)检验

仪器整平后，十字丝的横丝应水平。当横丝不水平时，用横丝不同部位读数会不相同。检验时，将仪器整平，然后用横丝一端照准一固定点 A，旋转微动螺旋使仪器水平旋转，若点之成像始终沿横丝移动，则横丝水平，否则，应校正。

(2)校正

拧下十字丝板护盖，松开十字丝板压环螺丝，微转十字丝板使横丝与 A 点相切，反复检校几次直至合格为止。

①要点　进行 i 角检验时，要仔细测量，保证精度，才能把仪器误差与观测误差区分开来。

②流程　圆水准器检校—十字丝横丝检校—水准管平行于视准轴(i 角)检校。

5. 实训记录

(1)圆水准器的检验

圆水准器气泡居中后，将望远镜旋转 180°后，气泡＿＿＿＿＿＿(填“居中”或“不居中”)。

(2)十字丝横丝检验

在墙上找一点，使其恰好位于水准仪望远镜十字丝左端的横丝上，旋转水平微动螺旋，用望远镜右端对准该点，观察该点________(填“是”或“否”)仍位于十字丝右端的横丝上。

(3)水准管平行于视准轴(i角)的检验

<table>
<tr><th></th><th colspan="2">立尺点</th><th>水准尺读数
/m</th><th>高差
/m</th><th>平均高差
/m</th><th>是否要
校正</th></tr>
<tr><td rowspan="4">仪器在 A，B 点中间位置</td><td colspan="2">A</td><td></td><td rowspan="2"></td><td rowspan="4"></td><td rowspan="8"></td></tr>
<tr><td colspan="2">B</td><td></td></tr>
<tr><td rowspan="2">变更仪器高后</td><td>A</td><td></td><td rowspan="2"></td></tr>
<tr><td>B</td><td></td></tr>
<tr><td rowspan="4">仪器在离 B 点较近的位置</td><td colspan="2">A</td><td></td><td rowspan="2"></td><td rowspan="4"></td></tr>
<tr><td colspan="2">B</td><td></td></tr>
<tr><td rowspan="2">变更仪器高后</td><td>A</td><td></td><td rowspan="2"></td></tr>
<tr><td>B</td><td></td></tr>
</table>

i = ________

实训5　DJ_6 级光学经纬仪的安置与使用

1. 实训目的

①了解 DJ_6 级光学经纬仪的基本构造及主要部件的名称和作用。

②掌握经纬仪的基本操作方法——整平、对中、瞄准、读数。

2. 仪器设备

每组 DJ_6 光学经纬仪 1 台、测钎 2 个、记录板 1 块。

3. 实训任务

实训小组由 3 人组成，要求每位学生完成经纬仪整个操作过程一次，即完成整平、对中、瞄准、读数工作各一次。

4. 实训步骤与方法

1) 认识 DJ_6 级光学经纬仪的构造和各部件名称

DJ_6 级光学经纬仪的外形及部件名称如图 10 所示。

2) 经纬仪的安置

(1) 对中

将仪器的纵轴安置到与过测站的铅垂线重合的位置称为对中。首先据观测者的身高调整好三脚架腿的长度，张开脚架并踩实，使三脚架头大致水平。将经纬仪从仪器箱中取出，用三脚架上的中心螺旋旋入经纬仪基座底板的螺旋孔。用垂球或光学对中器对中。

①垂球对中　挂垂球于中心螺旋下部的挂钩上，调垂球线长度至垂球尖与地面点间的铅垂距离≤2 mm，垂球尖与地面点的中心偏差不大时通过移动仪器调节；偏差较大时通过平移三脚架，使垂球尖大致对准地面点中心；偏差大于 2 mm 时，微松连接螺旋，在三脚架头

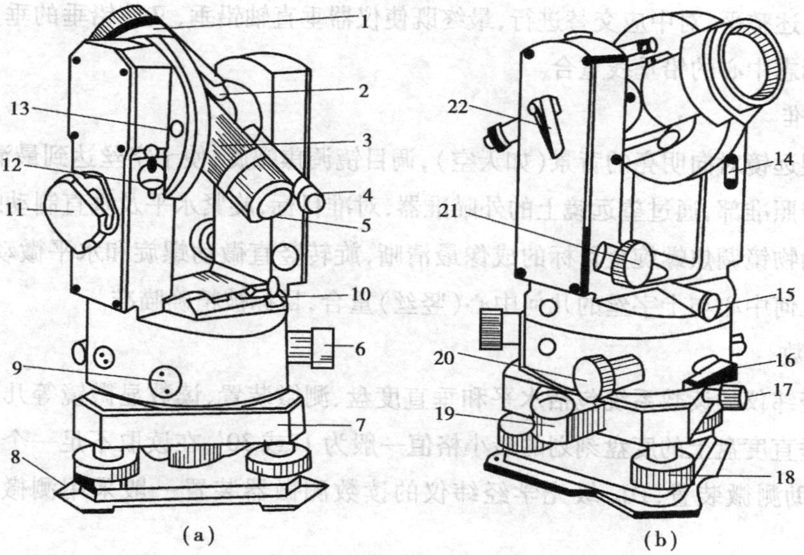

图 10 DJ_6 光学经纬仪

1—望远镜物镜;2—粗瞄器;3—对光螺旋;4—读数目镜;5—望远镜目镜; 6—转盘手轮;
7—基座;8—导向板;9,13—堵盖;10—管水准器;11—反光镜;12—自动归零旋钮;
14—调指标差盖板;15—光学对中器;16—水平制动扳钮;17—固定螺旋;18—脚螺旋;
19—圆水准器;20—水平微动螺旋;21—望远镜微动螺旋;22—望远镜制动扳钮

微量移动仪器,使垂球尖准确对准测站点,旋紧连接螺旋。

②光学对中器对中　调节光学对中器目镜、物镜调焦螺旋,使视场中的标志圆(或十字丝)和地面目标同时清晰;旋转脚螺旋,使得地面点成像于对中器的标志中心,此时,因基座不水平而导致圆水准器气泡不居中;调节三脚架腿长度,使圆水准器气泡居中,进一步调节脚螺旋,使水平度盘水准管在任何方向气泡都居中;光学对中器对中误差应小于 1 mm。

(2)整平

整平指使仪器的纵轴铅垂、垂直度盘位于铅垂平面,水平度盘和横轴水平的过程。精确整平前应使脚架头大致水平,调节基座上的三个脚螺旋,使照准部水准管在任何方向上气泡都居中,如图 11 所示。

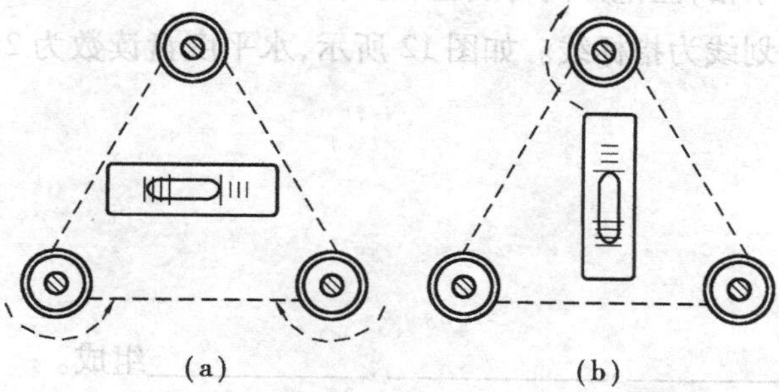

图 11 经纬仪整平

注意上述整平、对中应交替进行，最终既使仪器垂直轴铅垂，又使铅垂的垂直轴与过地面测站点标志中心的铅垂线重合。

(3)瞄准

①将望远镜对向明亮的背景(如天空)，调目镜调焦螺旋，使十字丝达到最清晰状态。

②旋转照准部，通过望远镜上的外瞄准器，对准目标，旋紧水平及垂直制动螺旋。

③转动物镜调焦螺旋至目标的成像最清晰，旋转竖直微动螺旋和水平微动螺旋，使目标成像的几何中心与十字丝的几何中心(竖丝)重合，目标被精确瞄准。

(4)读数

光学经纬仪的读数系统包括水平和垂直度盘、测微装置、读数显微镜等几个部分。水平度盘和垂直度盘上的度盘刻划的最小格值一般为1°或30′，在读取不足一个格值的角值时，必须借助测微装置，DJ_6 级光学经纬仪的读数测微器装置一般采用测微尺，如图12所示。

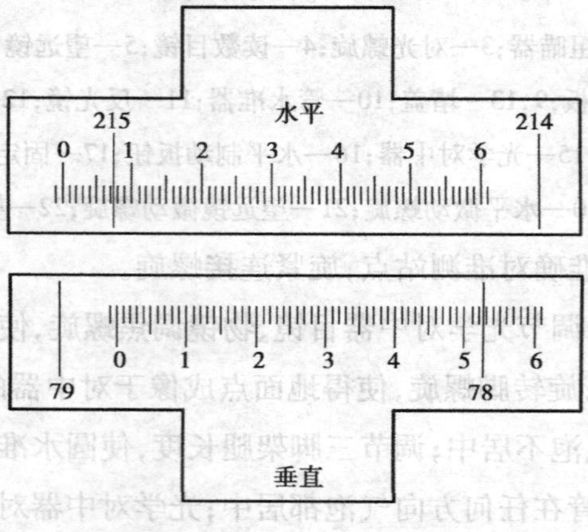

图12 测微尺读数

在读数显微镜的视场中设置一个带分划尺的分划板，度盘上的分划线经显微镜放大后成像于该分划板上，度盘最小格值(60′)的成像宽度正好等于分划板上分划尺1°分划间的长度，分划尺分60个小格，注记方向与度盘相反，用这60个小格去量测度盘上不足一格的格值。度量时以零分划线为指标线。如图12所示，水平度盘读数为215°07′18″，垂直度盘读数为78°52′42″。

5. 实训记录

①经纬仪由____________、____________、____________组成。

②经纬仪对中整平的操作步骤是：

____

____

____

____

____

____

____

____

____

____。

③经纬仪照准目标的步骤是：

____

____

____

____

____。

④在实训场地距离测站点 50 m 左右分别选取两点（记为 A,B 点）。

经纬仪瞄准 A 点时的水平度盘读数是：__________，竖直度盘读数是：__________；

经纬仪瞄准 B 点时的水平度盘读数是：__________，竖直度盘读数是：__________。

实训6　测回法测水平角

1. 实训目的

①掌握水平角观测原理，进一步熟悉经纬仪的构造、安置和操作方法。

②掌握测回法测水平角的方法、步骤及注意事项。

2. 仪器设备

每组 DJ_6 光学经纬仪1台、测钎2支、记录板1块。

3. 实训任务

实训小组由3人组成，轮流观测和记录，要求每组用测回法完成2个水平角的观测任务。

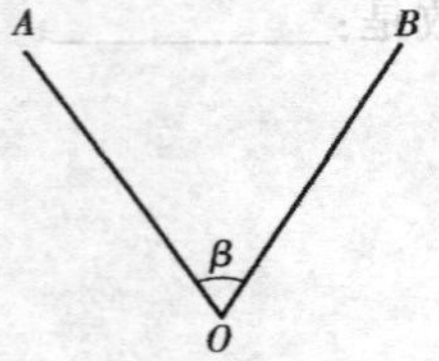

图13　测回法测水平角

4. 实训步骤与方法

测回法适用于观测两个方向形成的单角。如图13，用测回法测量 OA 与 OB 的水平角，其方法与步骤如下：

①在 O 点安置经纬仪，对中，整平，盘左位置（竖盘在望远镜左边，又称正镜）瞄准起始目标 A（又称观测的零方向），读水平度盘读数 $A_{左}$；

②松开水平制动螺旋，顺时针旋转照准部瞄准目标 B，读水平度盘读数 $B_{左}$；得盘左位置时上半测回角值：

$$\beta_{左} = B_{左} - A_{左}$$

③倒转望远镜成盘右位置（竖盘在望远镜右边，又称"倒镜"），瞄准目标 B，读水平度盘读数 $B_{右}$。

④逆时针转动照准部瞄准目标 A，读水平度盘读数 $A_{右}$；得盘右位置下半测回观测的角值：

$$\beta_{右} = B_{右} - A_{右}$$

上、下半测回称一测回，对 DJ_6 级光学经纬仪，如果上、下半测回角值差的限差不大于 ±40″时，则取盘左、盘右水平角的均值作一测回的角值：

$$\beta = (\beta_{左} + \beta_{右})/2$$

用盘左、盘右观测水平角 β，取其中值，可以抵消仪器误差对测角的影响。如果观测不止一个测回，而是要观测 n 个测回，要重新设置水平读盘起始读数，即对起始目标盘左观测时，水平读盘应设置 180°/n 的整倍数来观测。

5. 实训记录

水平角测回法记录表

日期：______年______月______日　天气：______　仪器型号：____________组号：________

观测者：________________　记录者：________________　立测杆者：________________

测点	盘位	目标	水平度盘读数 /(° ′ ″)	水平角		示意图
				半测回值 /(° ′ ″)	一测回值 /(° ′ ″)	

实训7 方向观测法测水平角

1. 实训目的

①掌握方向观测法测水平角的方法及步骤。
②了解方向观测法的精度要求及测量原则。

2. 仪器设备

每组 DJ_6 光学经纬仪1台、花杆4根、记录板1块。

3. 实训任务

实训小组由3人组成，轮流观测和记录，要求每组用方向观测法完成有4个观测方向的一个测站观测任务。

4. 实训步骤与方法

一个测站上需要观测的方向数在3个以上时，要用方向观测法（又称全圆观测法）。如图14所示，需要观测 OA,OB,OC,OD 所成的水平角，采用方向观测法测量，其方法和步骤如下：

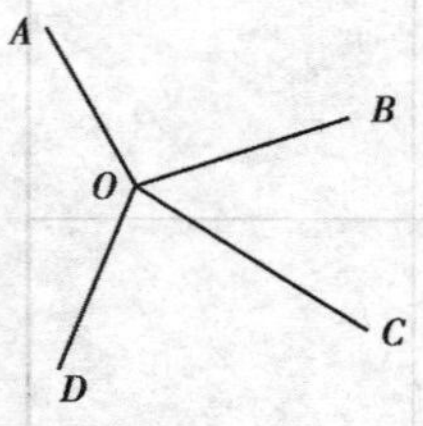

图14 方向观测法

(1)经纬仪盘左位置

①大致瞄准目标 A，旋转水平度盘位置变换轮，使水平度盘读数置于0°附近，精确瞄准 A，水平度盘读数为 a_1。

②顺时针旋转照准部，依次瞄准 B,C,D，得到相应的水平度盘读数 b,c,d。

③继续顺时针方向旋转照准部，再次瞄准目标 A，水平度盘读数为 a_2。

(2)经纬仪盘右位置

①倒转望远镜成盘右位置，逆时针方向转动照准部，瞄准目标 A，得水平度盘读数 a_1'。

②逆时针转动照准部，依次瞄准目标 D，C，B，得到相应读数 d'，c'，b'。

③继续逆时针转动照准部，再次瞄准目标 A，得到水平度盘读数 a_2'。

以上完成方向观测法一个测回的观测。

当测角精度要求较高时，往往需要观测几个测回。为了减小度盘分划误差的影响，各测回间要按 $180°/n$ 变动水平度盘的起始位置。

5. 实训记录

水平角方向观测法记录表

日期:______年______月______日　天气:______　仪器型号:__________组号:______

观测者:________________　记录者:________________　立测杆者:________

测站	测回数	目标	水平度盘读数		2c /(″)	方向值 /(° ′ ″)	归零方向值 /(° ′ ″)	各测回平均方向值 /(° ′ ″)
			盘左 /(° ′ ″)	盘右 /(° ′ ″)				
备注								

实训 8　竖直角测量

1. 实训目的

①了解经纬仪竖直度盘的构造、注记形式、竖盘指标差与竖盘水准管之间的关系。

②掌握竖直角的测量方法及步骤。

③掌握观测数据、竖盘指标差的记录和计算方法。

2. 仪器设备

每组 DJ_6 光学经纬仪 1 台、花杆 4 根、记录板 1 块。

3. 实训任务

实训小组由 3 人组成，轮流操作仪器、做记录及计算，每组完成用测回法测量竖直角的观测任务，要求测量一个正角（仰角）和一个负角（俯角）。

4. 实训方法与步骤

(1)竖直角的观测和计算

①仪器安置于测站点上，盘左瞄准目标点，使十字丝中丝精确的切于目标顶端。

②转动竖盘指标水准管，使竖盘指标水准管气泡居中，读取竖盘读数 L。

③盘右，再瞄准目标点并调节竖盘指标水准管气泡居中，读取竖盘读数 R。

④计算竖直角 α。

$$盘左:\alpha = 90^\circ - L = \alpha_L$$

$$盘右:\alpha = R - 270^\circ = \alpha_R$$

由于存在测量误差，实测值 α_L 常不等于 α_R，取一测回竖直角为

$$\alpha = \frac{1}{2}(\alpha_L + \alpha_R)$$

(2)竖盘指标差的计算

正常情况下，当视线水平时，盘左竖盘读数为 90°，盘右为 270°。但由于指标线偏移，当视线水平时，指标不恰好指在 90°或 270°，而与正确位置相差一个小角度 x，x 称为竖盘指标差。当偏移方向与竖盘注记增加方向一致时，x 为正，反之为负。

$$x=\frac{1}{2}(\alpha_L-\alpha_R)$$

指标差可以反映观测成果的质量。规范规定，竖直角观测时的指标差互差，DJ_2 型经纬仪不得超过 ±15″；DJ_6 型经纬仪不得超过 ±25″。

5. 实训记录

竖直角记录表

日期：______年______月______日　天气：______　仪器型号：____________　组号：________

观测者：____________　记录者：____________　立测杆者：____________

测点	目标	竖盘位置	竖盘读数 /(° ′ ″)	半测回竖直角 /(° ′ ″)	指标差 /(″)	一测回竖直角 /(° ′ ″)
		左				
		右				
		左				
		右				
		左				
		右				
		左				
		右				
		左				
		右				
		左				
		右				
		左				
		右				

实训 9　经纬仪的检验与校正

1. 实训目的

①了解经纬仪主要轴线间应满足的几何条件。

②掌握光学经纬仪的检验、校正的基本方法。

2. 仪器设备

每组 DJ_6 光学经纬仪 1 台、校正针 1 支、小螺丝刀 1 把、皮尺 1 把、记录板 1 块。

3. 实训任务

每组完成经纬仪的常规检验任务，包括照准部水准管轴、十字丝竖丝、视准轴、横轴、光学对中器及竖盘指标差的检验。

4. 实训步骤与方法

1) 水准管轴垂直于纵轴的检验与校正

(1) 检验

大致整平仪器，并旋转照准部，使水准管轴与仪器任两脚螺旋连线平行，调节这对脚螺旋使水准仪管气泡居中。再旋转照准部 180°，若气泡仍居中，说明该几何条件满足，否则应校正仪器。

(2) 校正

调节平行于水准管的一对脚螺旋使气泡向中央移动偏离值的一半，用校正针拨水准管的校正螺旋，升高或降低水准管的一端至气泡居中，反复进行几次，直到在任何位置气泡偏离值都在一格以内为止。

2)圆水准器的检验与校正

(1)检验

水准管轴校正的基础上,整平经纬仪,若圆水准器气泡不居中,则需校正。

(2)校正

用校正针拨动圆水准器下面的校正螺丝,使圆水准器气泡居中即可。

3)十字丝竖丝垂直于仪器水平轴的检验与校正

(1)检验方法

整平仪器并瞄准一个明显目标点,制动照准部和望远镜,旋转望远镜的微动螺旋使望远镜视线在竖直面内作上下均匀旋转,若点成像始终在竖丝上,无需校正。如果点的轨迹偏离竖丝,则应校正。

(2)校正方法

卸下目镜的外罩,可见到十字丝环,先松开4个固定螺丝,微转目镜筒,此时十字丝板也转动同样的角度,调节至望远镜视线上下转动时点的成像始终在竖丝上移动为止,如图15所示,校正后装好外罩。

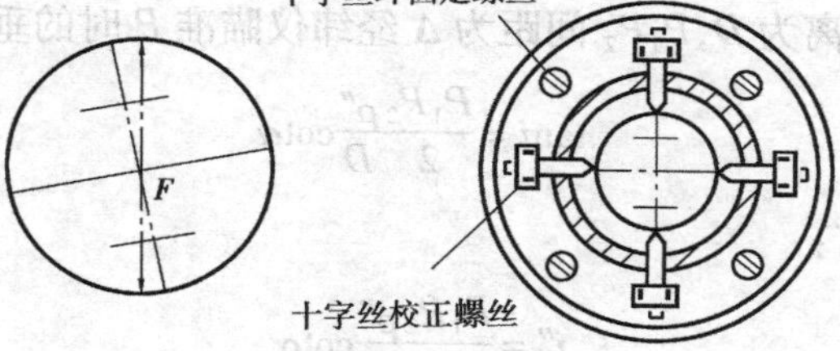

图15 圆水准器校正

4)视准轴垂直于水平轴的检验与校正

(1)检验原理

视准轴与水平轴不垂直的误差称为"视准误差"。视准误差c对水平角观测值的影响,正倒镜值绝对值相等、符号相反。检验时,选一水平位置目标,盘左、盘右观测读数差即为两倍视准误差称为$2c$值:

$$2c = 盘左读数 - (盘右读数 \pm 180°)$$

瞄准目标A点时,本来应用CC,读数为L,但由于视准误差c的存在,使得CC还要右转c角后,用$C'C'$瞄准目标A点,这样,读数就增加了c值,变为L',则$L = L' - c$,同理,$R = R' + c$:则

$$L - R = (L' - c) - (R' + c) = \pm 180° \quad 得$$

$$2c = L' - R' \pm 180°$$

(2)校正方法

若$|2c| \geq \pm 20''$应校正。计算盘左盘右瞄准同一目标的水平盘读数的盘右(或盘左)正确读数:

$$a = [a_{右} + (a_{左} \pm 180°)]/2$$

旋转水平微动螺旋,使盘右的水平度盘读数为 a。观测十字丝纵丝偏离目标情况,用校正针旋转左、右两个十字丝校正螺丝(图 15),至十字丝交点重新照准目标点。

5)水平轴垂直于竖轴的检验与校正

(1)检验方法

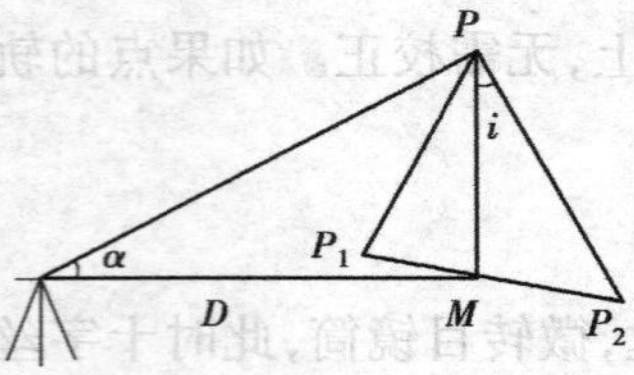

图 16　水平轴校正

在距高墙 10 ~ 20 m 处安置经纬仪,整平仪器盘左瞄准墙面高处的点 P(仰角在 30°左右),固定照准部后大致放平望远镜,在墙面上定出点 P_1,如图 16 所示,同法盘右瞄准 P 点,放平望远镜,在墙面上定出另一点 P_2,P_1,P_2 重合,关系满足,否则需校正。纵轴铅垂而横轴不水平,与水平线的交角 i 称为横轴误差。由图 9.2 知:

$$\tan i = P_2M/PM$$

若仪器距墙壁的距离为 D,P_1P_2 间距为 Δ 经纬仪瞄准 P 时的垂直角为 α,则有:

$$\tan i = \frac{P_1P_2\rho''}{2\quad D}\cot\alpha$$

由于 i 角很小,故有:

$$i'' = \frac{P_1P_2\rho''}{2\quad D}\cot\alpha$$

(2)校正方法

当 $i > \pm 30''$应校正。取 P_1P_2 的中点 M,以盘右(或盘左)位置瞄准 M 点,抬高望远镜至 P 位置,视线必偏离 P 点,可拨动仪器支架上的偏心轴承,使横轴的右端升高或降低,使十字丝中心与 P 点的几何中心重合,这时,横轴误差 i 已消除,横轴水平。

6)指标差的检验与校正

(1)检验

置平仪器,以盘左、盘右分别瞄准一水平目标,读取竖盘读数,计算垂直角 $\alpha_{左}$ 和 $\alpha_{右}$,两者相等则无竖盘指标差存在,否则应计算指标差 i,当其大于 ±30″时应进行校正。

(2)校正

校正时可在盘左或盘右任一位置进行,如在盘右时令望远镜照准原目标不动,转竖盘水准仪管微动螺旋,将竖盘读数对到盘右的正确读数:$R_{右} = R'_{右} - i$,此时指标水准仪管气泡必然偏移,用校正针使气泡居中即可。

7)光学对中器的检验与校正

光学对中器是一个小型的外对光式望远镜,由物镜、目镜、分划板、转向棱镜及保护玻璃组成,对中器的视准轴为其分划板刻划中心与物镜光心的连线,光学对中器的视准轴应与仪器的竖轴重合。

(1)检验

选一平地安置仪器,严格整平,在脚架的中央地面放置一张画有十字形标志 O 点的白纸,并使对中器标志中心与标志 O 点重合,在水平方向旋转照准部 180°,如对中器标志中心偏离标志 O 点,而至另一点 O'处,则对中器的视准轴和仪器的纵轴不重合,应校正。

(2)校正

定出 O、O'点的中点,调节对中器的校正螺丝,使对中器中心标志对准该点,校正完成。

应指出,经纬仪的各项检验、校正需反复进行多次,直至稳定地满足条件为止。

5. 实训记录

(1)照准部水准管的检验:用脚螺旋使照准部水准管气泡居中后,将经纬仪的照准部旋转 180°,照准部水准管气泡偏离________格。

(2)十字丝竖丝是否垂直于横轴:在墙上找一点,使其恰好位于经纬仪望远镜十字丝上端的竖丝上,旋转望远镜上下微动螺旋,用望远镜下端对准该点,观察该点__________(填"是"或"否")仍位于十字丝下端的竖丝上。

(3)视准轴的检验:在平坦地面上选择一直线 AB,60 ~ 100 m,在 AB 中点 O 架设经纬仪,并在 B 点垂直横置一小尺。盘左瞄准 A 点,倒镜在 B 点小尺上读取 B_1;再用盘右瞄准 A,倒镜在 B 点小尺上读取 B_2,经计算,若 DJ_6 经纬仪 $2c >$ ±20″,DJ_2 经纬仪 $2c >$ ±15″时,则需校正。

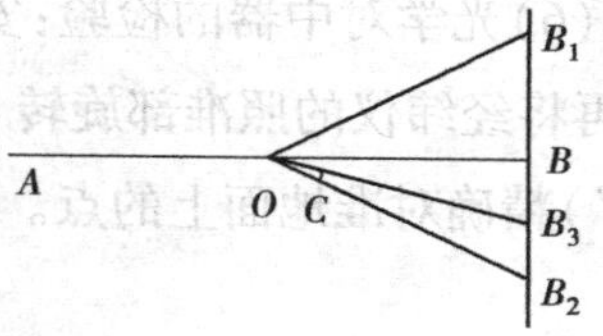

用皮尺量得:$OB =$__________。

B_1 处读数为__________,B_2 处读数为__________,$B_1B_2 =$__________。

经计算得:$C = \dfrac{B_1B_2}{4OB}\rho =$______________。

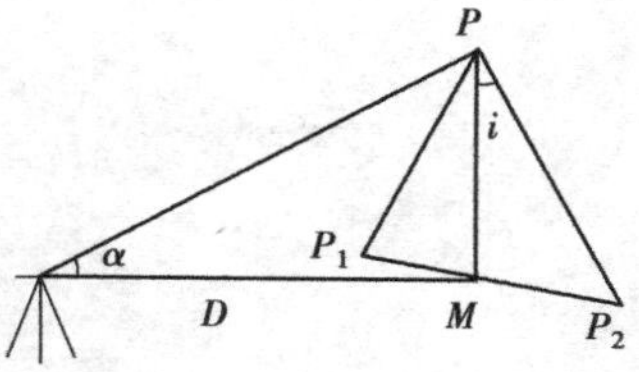

(4)横轴的检验:在 20 ~ 30 m 处的墙上选一仰角大于 30°的目标点 P,先用盘左瞄准 P 点,放平望远镜,在墙上定出 P_1 点;再用盘右瞄准 P 点,放平望远镜,在墙上定出 P_2 点。经计算,若 DJ_6 经纬仪 $i >$ ±30″时,则需校正。

①用皮尺量得 $OM =$__________。

②用经纬仪测得竖直角：

测点	目标	竖盘位置	竖盘读数 /(° ′ ″)	半测回竖直角 /(° ′ ″)	指标差 /(″)	一测回竖直角 /(° ′ ″)
		左				
		右				

③用小钢尺量得 $P_1P_2=$______。

④经计算得：$i=\frac{P_1P_2}{2D\tan\alpha}\rho''=$______。

(5)指标差的检验：

测点	目标	竖盘位置	竖盘读数 /(° ′ ″)	半测回竖直角 /(° ′ ″)	指标差 /(″)	一测回竖直角 /(° ′ ″)
		左				
		右				
		左				
		右				
		左				
		右				
		左				
		右				

(6)光学对中器的检验：安置经纬仪后，使光学对中器十字丝中心精确对准地面上一点，再将经纬仪的照准部旋转 180°，眼睛观察光学对中器，其十字丝______(填“是”或“否”)精确对准地面上的点。

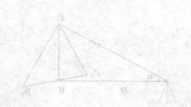

实训10 钢尺一般量距

1. 实训目的

掌握钢尺量距的一般方法。

2. 仪器设备

每组 DJ_6 光学经纬仪1台、测钎3~4根、钢尺1把、木桩2根、钉子2根、记录板1块。

3. 实训任务

实训小组由4人组成，每组在平坦的地面上，用经纬仪进行直线定线，完成一段长约80~90 m的直线的往返丈量任务。

4. 实训步骤与方法

1）直线定线

①在地面上选定相距80~90 m的 A，B 两点，打木桩并在桩的中心钉一根钉子作为标志。

②在 A 点安置经纬仪，对中、整平，瞄准 B 点。

③固定照准部，纵向旋转望远镜指挥定点员分别在 AB 线内 AB 距离的约1/3和2/3处左右移动测钎，直至测钎成像的几何中心与纵丝所在几何中心重合。测钎处的点即为与两端点位于同一直线上的点，如图17所示。

2）钢尺量距

(1)往测

后尺手执钢尺零点端对准 A 点，前尺手持尺向 AB 方向前进，至第一根测钎时停下。前、后尺手水平拉紧钢尺，由前尺手喊"预备"，后尺手对准零点后喊"好"，前尺手读出测钎对应的钢尺读数(读至 mm),记录者将读数记录在实习记录上。前、后尺手共同举尺前进,同法丈量第二段距离。如此继续下去,直至完成所有测段。

(2)返测

由 B 点向 A 点用同样方法丈量。

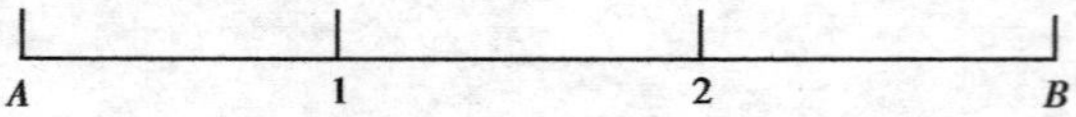

图 17　直线定线

5. 实训记录

往测时,用钢尺量得:$\overline{A1}$ = ＿＿＿＿＿,$\overline{12}$ = ＿＿＿＿＿,$\overline{2B}$ = ＿＿＿＿＿,

故有:$\overline{AB}$ = ＿＿＿＿＿。

返测时,用钢尺量得:$\overline{B2}$ = ＿＿＿＿＿,$\overline{21}$ = ＿＿＿＿＿,$\overline{1A}$ = ＿＿＿＿＿,

故有:$\overline{BA}$ = ＿＿＿＿＿。

则此次丈量的相对精度(往返较差率)K = ＿＿＿＿＿＿＿＿＿＿＿＿＿。

实训11　闭合导线外业测量

1. 实训目的

①掌握闭合导线的布设方法。

②掌握经纬仪钢尺导线测量的施测和计算方法。

2. 仪器设备

每组 DJ_6 光学经纬仪1台、钢尺1把、记录板1块、测钎、木桩、钉子若干。

3. 实训任务

实训小组由4人组成，每组完成一闭合导线的水平角观测、导线边长丈量的任务，计算角度闭合差、导线全长相对闭合差。

4. 实训步骤与方法

①在测区内选定由4～5个导线点组成的闭合导线。在选定导线点位置的地面上打下木桩，钉上小钉标定点位并标上点号，绘出导线略图，如图18所示。

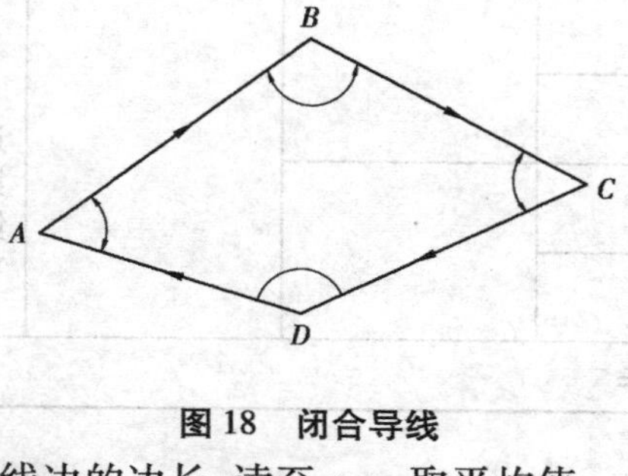

图18　闭合导线

②用钢尺往返丈量各导线边的边长，读至mm，取平均值。

③用测回法观测导线各转折角，测一个测回。

④计算角度闭合差、导线全长相对闭合差。

5. 实训记录

导线测量记录表

日期:______年____月____日天气:________仪器型号:____________组号:__________

观测者:________________记录者:________________参加者:________________

测点	盘位	目标	水平度盘读数/(° ′ ″)	水平角/(° ′ ″) 半测回值	水平角/(° ′ ″) 一测回值	示意图及边长
						边长名:__________ 第一次 = __________ m。 第二次 = __________ m。 平均 = ______ m。
						边长名:__________ 第一次 = __________ m。 第二次 = __________ m。 平均 = ______ m。
						边长名:__________ 第一次 = __________ m。 第二次 = __________ m。 平均 = ______ m。
						边长名:__________ 第一次 = __________ m。 第二次 = __________ m。 平均 = ______ m。
校核	内角和闭合差 f=					

实训 12　高程控制测量

1. 实训目的

①掌握用双面尺法进行三、四等水准测量的观测、记录和计算方法。

②熟悉四等水准测量的主要技术指标，掌握测站和路线的检核方法。

2. 仪器设备

每组 DS_3 微倾式水准仪 1 台、双面水准尺 2 根、记录板 1 块、尺垫 2 个。

3. 实训任务

实训小组由 4 人组成，每组完成一闭合或附合水准路线高程测量的观测和记录，计算高差闭合差及导线点高程。

4. 实训步骤与方法

①自选一条闭合或附合水准路线，其长度以安置 4 ~6 个测站为宜，长度 600 m 左右。沿线打桩标定各导线点的位置。

②在起点与第一个立尺点之间设站，安置好水准仪后，按以下顺序观测：

a. 照准后视标尺黑面，按视距丝、中丝读数；

b. 照准前视标尺黑面，按中丝、视距丝读数；

c. 照准前视标尺红面，按中丝读数；

d. 照准后视标尺红面，按中丝读数。

这样的顺序简称为“后前前后”（黑、黑、红、红）。四等水准测量每站观测顺序也可为后—后—前—前（黑、红、黑、红）。无论何种顺序，视距丝和中丝的读数均应在水准管气泡居中时读取。

③各项观测记录完毕应随即进行如下计算（参见实习记录表格）：

a. 视距的计算与检验

后视距(9) = [(1) − (2)] ×100 m

前视距(10) = [(4) − (25)] ×100 m　　三等≯75 m，四等≯100 m

前、后视距差(11) = (9) − (10)　　三等≯3 m，四等≯5 m

前、后视距差累积(12) = 本站(11) + 上站(12)　　三等≯6 m，四等≯10 m

b. 水准尺读数的检验

同一根水准尺黑面与红面中丝读数之差：

前尺黑面与红面中丝读数之差(13) = (6) + K − (7)

后尺黑面与红面中丝读数之差(14) = (3) + K − (8)　　三等≯2 mm，四等≯3 mm

（上式中的 K 为红面尺的起点数，一般为 4.687 m 或 4.787 m）

c. 高差计算与检验

黑面测得的高差(15) = (3) − (6)

红面测得的高差(16) = (8) − (7)

校核：黑、红面高差之差(17) = (15) − [(16) ±0.100]　　三等≯3 mm，四等≯5 mm

或(17) = (14) − (13)

高差的平均值(18) = [(15) + (16) ±0.100]/2

在测站上，当后尺红面起点为 4.687 m，前尺红面起点为 4.787 m 时，取 +0.100，反之，取 −0.100。

④依次设站，用相同的方法进行观测，直至线路终点，计算线路的高差闭合差。计算角度闭合差和各导线点高程。

5. 实训记录

三、四等水准测量记录簿

自：__________ 测　至：__________ 天　气：__________ 观测者：__________

时　间：__________ 成　像：__________ 记录者：__________

测站编号	点号	后尺 上丝 / 下丝 / 后视距 / 视距差/m	前尺 上丝 / 下丝 / 前视距 / 累积差 $\sum d$/m	方向及尺号	水准尺读数 黑面	水准尺读数 红面	K+黑-红/mm	平均高差/m	备注
		(1) (2) (9) (11)	(4) (5) (10) (12)	后尺 前尺 后-前	(3) (6) (15)	(8) (7) (16)	(14) (13) (17)	(18)	
1	BM2 | TP1			后 106 前 107 后-前					K 为尺常数，K106 = 4.787 K107 = 4.687
2	TP1 | TP2			后 107 前 106 后-前					
3	TP2 | TP3			后 106 前 107 后-前					
4	TP3 | BM1			后 107 前 106 后-前					

检核计算

$\sum(9) =$　　$\sum(3) =$　　$\sum(8) =$

$\sum(10) =$　　$\sum(6) =$　　$\sum(7) =$

$\sum(9) - \sum(10) =$　　$\sum(15) =$　　$\sum(16) =$

$\sum(9) + \sum(10) =$　　$\sum(15) + \sum(16) =$　　$2\sum(18) =$

三、四等水准测量成果计算表

点号	距离 /km	测得高差 /m	改正数 /m	改正后高差 /m	高 程 /m
∑					

实训 13　经纬仪测绘法测图

1. 实训目的

①掌握经纬仪测绘法测图的施测过程。

②掌握经纬仪测绘法施测碎部点的过程。

③掌握测绘大比例尺地形图的方法。

2. 仪器设备

每组 DJ_6 光学经纬仪 1 台、测图板 1 块(或小平板仪 1 套)、钢尺 1 把、记录板 1 块、花杆 1 根、量角器 1 个、塔尺 1 根、绘图工具 1 套、大头针 5 枚、小钢尺 1 把。

3. 实训任务

实训小组由 4 人组成,每组完成一小区域的碎部测量,测绘该区域大比例尺地形图。

4. 实训方法与步骤

每组 4 人互相配合完成,1 人观测、1 人绘图、1 人记录和计算、1 人跑点立尺。具体方法与步骤如下:

①如图 19 所示,在选定的测站点上安置经纬仪,量取仪器高,并在经纬仪旁边 1 ~ 2 m 处架设小平板。

②用大头针将量角器的中心与图纸上对应的测站点固连。

③选择起始方向(另一控制点),并在图纸上把测站点与该控制点连接起来,标出相应的方向线,作为测图时的起始方向。

④经纬仪盘左位置照准起始方向,把水平度盘设置为 0°00′00″。

⑤按跑尺路线将塔尺立于地形或地物的特征点上,观测员用经纬仪望远镜瞄准目标(塔尺),读取水平度盘读数、中丝读数、视距间隔(上、下丝读数之差)、竖直度盘读数,计算

出竖直角和视距，并根据公式 1 和公式 2 计算距离和高程。

$$D = L\cos\alpha = Kl\cos^2\alpha \quad \text{（公式 1）}$$

$$H = H_0 + \frac{1}{2}Kl\sin 2\alpha + i - v \quad \text{（公式 2）}$$

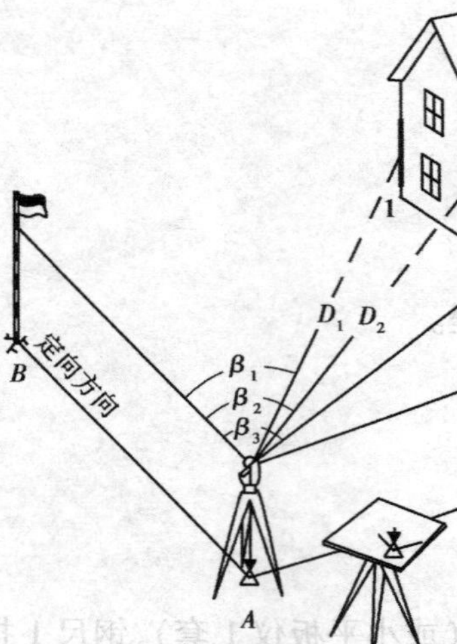

图 19　闭合导线

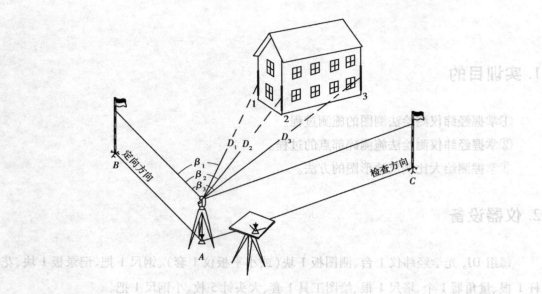

⑥根据计算所得数据用量角器和比例尺将特征点展绘于图上，并注记高程，如图 20 所示。及时绘出地物，勾绘等高线，对照实地检查有无遗漏。

⑦搬迁测站，同法测绘其他特征点到图纸上，直到指定范围的地形均已展绘为止。

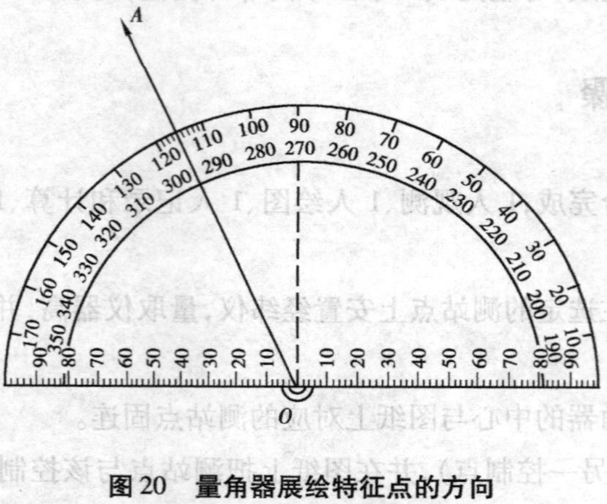

图 20　量角器展绘特征点的方向

5. 实训记录

经纬仪测绘法测图记录表

日期__________ 班级__________ 组别__________ 姓名__________ 学号__________

测站：　指标差：　测站点高程：　后视点：

视线高程：　仪器高：　检查方向：

小组成员：

点号	视距/m（上下丝之差）	竖直角 /(° ′ ″)	水平距离 /m	高差 /m	中丝读数 /m	碎部点高程 /m

实训 14　平面点位和高程测设

1. 实训目的

①掌握平面点位测设的基本方法。
②掌握高程测设的基本方法。

2. 仪器设备

每组 DJ_6 光学经纬仪 1 台、DS_3 水准仪 1 台、钢尺 1 把、记录板 1 块、花杆 1 根、塔尺 1 根、木桩 6 根、测钎 2 支。

3. 实训任务

实训小组由 6 人组成，每组完成给定平面坐标点位的测设和已知高程点的测设。

4. 实训步骤与方法

1) 控制点布设和设计数据

平面点位和高程测设首先需要有控制点。如图 21 所示，在空旷地面选择 *A*,*B* 两点，先打下一木桩作为 *A* 点，桩顶面画十字线，以十字线交点为中心，用钢尺丈量一段 50.000 m 的距离定出 *B* 点（同样打木桩，桩顶画十字线）。设 *A*、*B* 两点的坐标为：

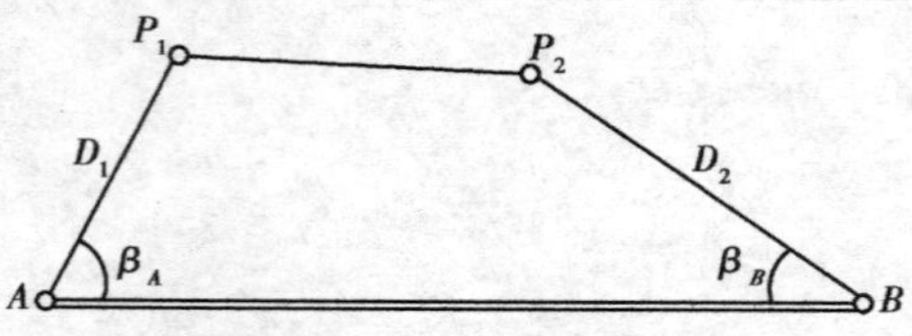

图 21　控制点布设示意图

$$A\text{ 点}\begin{cases}x_A = 150.000\text{ m}\\ y_A = 150.000\text{ m}\end{cases}\qquad B\text{ 点}\begin{cases}x_B = 150.000\text{ m}\\ y_B = 200.000\text{ m}\end{cases}$$

设 A 点的高程为 10.000 m。假设以上数据为已有控制点的已知数据。

设计建筑物的某轴线点 P_1 和 P_2 的坐标和高程如下：

$$P_1\text{ 点}\begin{cases}x_{P_1} = 158.360\text{ m}\\ y_{P_1} = 155.240\text{ m}\\ H_{P_1} = 10.150\text{ m}\end{cases}\qquad P_2\text{ 点}\begin{cases}x_{P_2} = 158.360\text{ m}\\ y_{P_2} = 175.240\text{ m}\\ H_{P_2} = 10.150\text{ m}\end{cases}$$

2）测设数据计算

用极坐标法测设 P_1 点时，有：

$$\left.\begin{aligned}\alpha_{AB} &= \arctan\frac{y_B - y_A}{x_B - x_A}\\ \alpha_{AP_1} &= \arctan\frac{y_{P_1} - y_A}{x_{P_1} - x_A}\\ \beta_A &= \alpha_{AB} - \alpha_{AP_1}\\ D_{AP_1} &= \sqrt{(y_{P_1} - y_A)^2 + (x_{P_1} - x_A)^2}\end{aligned}\right\}$$

同法可计算测设 P_2 点的数据 D_{BP_2} 和 β_B。

3）极坐标法轴线点平面位置测设

①安置经纬仪于 A 点，瞄准 B 点，变换水平度盘位置使读数为 0°00′00″；逆时针旋转照准部，使水平度盘读数为（$360° - \beta_A$），用测钎在地面标出该方向，在该方向上从 A 点量水平距离 D_{AP_1}，打下木桩，再重新用经纬仪标定方向和用钢尺量距，在木桩上定出 P_1 点。

②再安置经纬仪于 B 点，用类似方法测设 P_2 点。

③P_1，P_2 点的木桩位置可以用根据两点设计坐标算得的两点间水平距离，用钢尺进行检核丈量，与理论值的差数不应大于 10 mm。

4）高程测设

如图 22 所示，水准仪安置于与 A，P_1，P_2 点大致相等的距离处，A 点木桩上立水准尺，读得后视读数 a，根据 A 点的高程 H_A，求得水准仪的视线高程 H_i：

$$H_i = H_A + a$$

计算 A 点与 P_1，P_2 点之间高差：

$$h = H_{pi} - H_A$$

则 P_1，P_2 点上水准尺应有读数为：

$$b_i = H_i - h$$

在 P_1,P_2 点旁边各打一木桩,用逐步打入土中的方法使立于其上的水准尺读数逐渐增大至 b_i 为止。桩顶即为轴线点的设计高程。

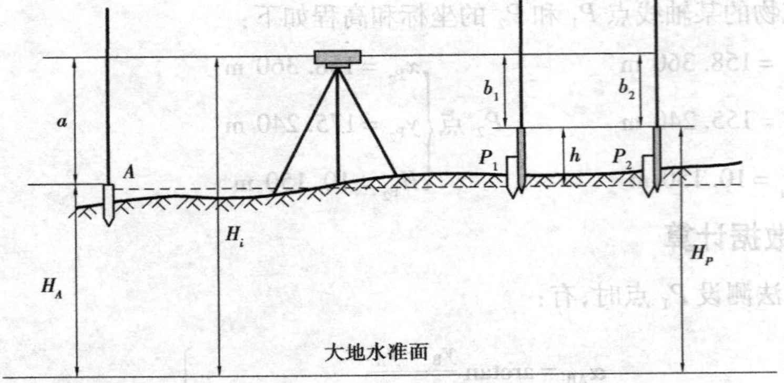

图 22　几何水准法测设高程

5. 实训记录

点的平面位置测设记录

日期　　　　　　　　班组　　　　　　　　观测者　　　　　　　　记录者

点号	坐标值		坐标差		坐标方位角/(° ′ ″)	线名	应测设的水平角/(° ′ ″)	应测设的水平距离/m	测设略图
	x/m	y/m	Δx/m	Δy/m					

点的高程测设、检测记录

测站	已知水准点		后视读数	视线读数/m	待测设点		前视应有读数	填挖数/m	检测	
	点号	高程/m			点号	设计高程/m			实际读数	误差/m

实训 15　圆曲线主点及偏角法详细测设

1. 实训目的

①掌握圆曲线主点测设元素的计算和测设方法。

②掌握用偏角法进行圆曲线详细测设的方法与步骤。

2. 仪器设备

每组 DJ_2 经纬仪 1 台、钢尺 1 把、花杆 2 根、测钎 10 支、木桩 3 只、记录板 1 块。

3. 实训任务

每组根据给定数据计算出主点测设元素，并完成圆曲线主点及其详细测设。

4. 实训步骤与方法

1) 圆曲线主点测设

(1) 主点测设元素计算

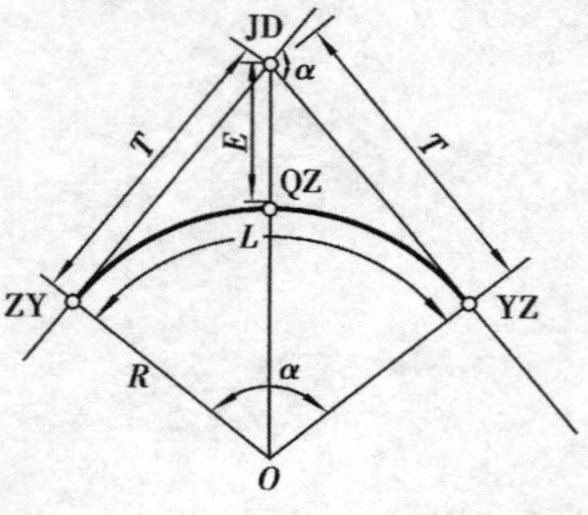

图 23　圆曲线测设元素

如图 23，设交点 JD 的转角为 α，圆曲线半径为 R，则圆曲线的测设元素按下列公式计算：

切线长　$T = R \cdot \tan\dfrac{\alpha}{2}$

曲线长　$L = R \cdot \alpha \cdot \dfrac{\pi}{180°}$

外矢距　$E = R\left(\sec\dfrac{\alpha}{2} - 1\right)$

曲线差　$D = 2T - L$

(2)主点的测设

置经纬仪于 JD 上,望远镜照准后一方向线的交点或转点,量取切线长 T,得出曲线起点 ZY,插一测钎,然后量取 ZY 至最近一个直线桩的距离。如两桩号之差等于这段距离或相差在限值内,即可用方木桩在侧钎处打下 ZY 桩,否则应查明原因,以保证点位的正确性。同法,用望远镜照准前一方向线的交点或转点,量取切线长 T,得曲线终点 YZ,打下 YZ 桩。最后沿分角线方向量取外距 E,即得出曲线中点 QZ。主点是控制桩,在测设时应注意校核,并保证一定的精度。

(3)主点里程计算

交点 JD 的里程是由中线丈量得到的,根据交点里程和圆曲线测设元素,即可推算圆曲线上各主点的里程并加以校核。由图 23 可知:

$$\left.\begin{aligned}
&\text{ZY 里程} = \text{JD 里程} - T\\
&\text{YZ 里程} = \text{ZY 里程} + L\\
&\text{QZ 里程} = \text{YZ 里程} - \frac{L}{2}\\
&\text{JD 里程} = \text{QZ 里程} + \frac{D}{2}(\text{计算校核})
\end{aligned}\right\}$$

2)偏角法详细测设

(1)偏角和弦长的计算

偏角法是以圆曲线起点 ZY 或终点 YZ 至曲线任一待定点 P_i 的弦线与切线 T 之间的弦切角(这里称偏角)Δ_i 和弦长 c_i 来确定 P_i 点的位置。

如图 24,根据几何原理,偏角 Δ_i 等于相应弧长 l_i 所对的圆心角之半,即

$$\Delta_i = \frac{\varphi_i}{2}$$

又因
$$\varphi_i = \frac{l_i}{R}\frac{180°}{\pi},$$

因此
$$\Delta_i = \frac{l_i}{R}\frac{90°}{\pi}$$

弦长可按下式计算:

$$c_i = 2R\sin\frac{\varphi_i}{2}$$

$$\text{弧弦差 } \delta_i = l_i - c_i = \frac{l_i^3}{24R^2}$$

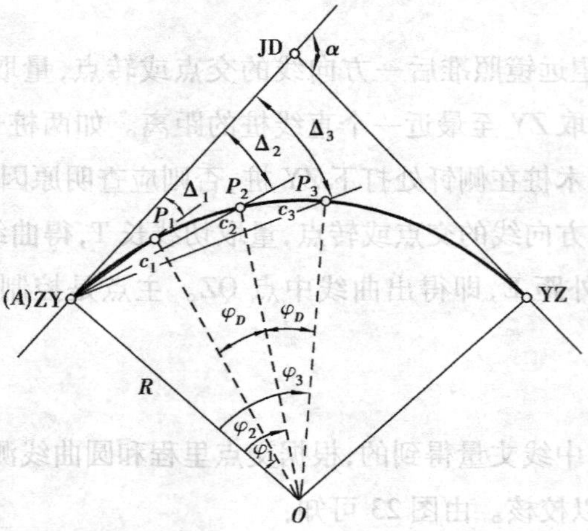

图 24 偏角法测设圆曲线

(2)点位测设

将经纬仪置于曲线起点 ZY(A),后视交点 JD,使水平度盘读数为 00°00′00″,转动照准部至读数为 Δ_1,望远镜视线定 AP_1 方向。沿此方向,从 A 量取首段弦长,得出整桩点 P_1;再转动照准部,使度盘读数为 Δ_2 定出 AP_2 方向。从 P_1 点起量取弧长为 l_0 的弦长 c_0 与视线 AP_2 方向相交得整桩点 P_2。同法,由 P_2 量出弦长 c_0 与 AP_3 方向相交得整桩点 P_3,由 P_3 定 P_4,依此类推,测设其他各点。

(3)校核

在 QZ 点和 YZ 点上进行校核,曲线测设闭合差应不超过规定要求。否则,应查明原因,予以纠正。

5. 实训记录

(1)主点要素计算

由交点 JD 里程:__________,线路转角 α:__________,经计算得:

①切线长 T = __________ m,曲线长 L = __________ m,外距 E = __________ m,切曲差 D = __________ m。

②各主点里程:ZY 点 = __________,YZ 点 = __________,QZ 点 = __________,JD 点 = __________。

(2)偏角法(长弦整桩号法)测设数据

偏角法测设数据记录表

桩　号	偏角值 Δ_i /(° ′ ″)	弦长 c_i /m	测设示意图

实训 16 基平测量

1. 实训目的

①掌握基平测量的任务和方法。

②掌握基平测量的记录及成果计算方法。

2. 仪器设备

每组水准仪 1 台、水准尺 2 根、钢尺 1 把、测钎 3 支、木桩 3 只、记录板 1 块。

3. 实训任务

每组完成水准点设置与高程测量工作。

4. 实训步骤与方法

①根据路线进行水准点的设置。水准点应根据地形和工程需要设置，一般情况下，水准点间距宜为 1 ~1.5 km，山岭区可以适当加密。水准点点位应选在稳固、醒目、易于引测以及施工时不易被破坏的地方，一般应距路线中线 50 ~300 m。水准点以 *BM* 表示，为了避免混乱和便于寻找，应逐个编号并作标记。

②将起始水准点与附近高级水准点进行联测，以获取水准点的绝对高程。如条件有限时，参考地形图选定一个与实地高程接近的数值作为起始水准点的假定高程。

③根据地形在地面上选定若干转点作高程传递之用。

④如图 25 所示，在起始的水准点 BM_1 上竖立水准尺，在 I 站架设水准仪，读取后视点 BM_1 上水准尺的读数并记入后视栏；再读取转点 ZD_1 的读数，并将 ZD_1 读数记入前视栏。

⑤在Ⅱ测站架设仪器，读取后视点 ZD_1 上水准尺的读数并记入后视栏，再读取 ZD_2 的读数，并将 ZD_2 读数记入前视栏。按上述观测方法测至水准点 BM_2。

⑥计算基平测量出的两水准点间的高差和高程。

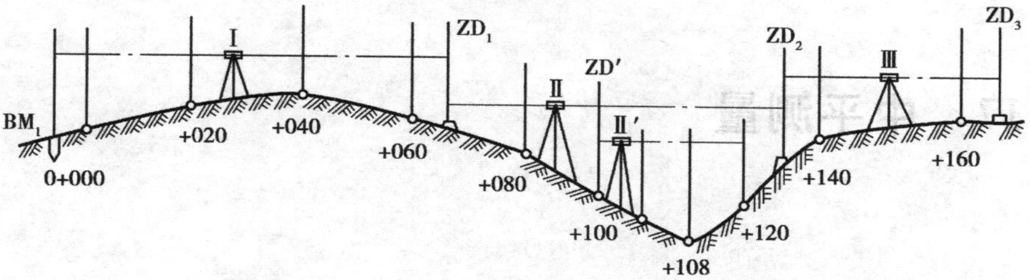

图 25　基平测量施测示意图

5. 实训记录

基平测量实习记录表

日期＿＿＿＿＿班级＿＿＿＿＿组别＿＿＿＿＿姓名＿＿＿＿＿学号＿＿＿＿＿

测站	测点	水准尺读数		高差		高程 h/m	备注
		后视读数 a/m	前视读数 b/m	+	−		
I	BM_1						
	ZD_1						
II	ZD_1						
	ZD_2						
III	ZD_2						
	ZD_3						
IV	ZD_3						
	ZD_4						
V	ZD_4						
	BM_2						
计算复核	$\sum$						
		$\sum a - \sum b$		$\sum h$			

实训 17 中平测量

1. 实训目的

①熟悉中平测量的方法。

②掌握中平测量的记录及成果计算方法。

2. 仪器设备

每组水准仪 1 台、水准尺 2 根、钢尺 1 把、测钎 3 支、木桩 3 只、记录板 1 块。

3. 实训任务

每组完成长约 400 m 路线中平测量工作。

4. 实训步骤与方法

①选择长约 400 m 的起伏地段,在路段起终点附近分别选定水准点 BM_1、BM_2,假定水准点 BM_1 的高程,用基平测量的方法测定两水准点间的高差并计算 BM_2 的高程。

②按 20 m 的桩距设置中桩,在桩位处钉木桩或插测钎,并标注桩号。

③如图 26 所示,在起点桩号附近的水准点 BM_1 上竖立水准尺,根据整个测设过程,在Ⅰ点处架设仪器。读取后视点 BM_1 上水准尺读数并记入后视栏;再依次读取本站各中桩处的地面上竖立水准尺的读数,将各读数记入中视栏;最后读取 ZD_1 的读数并记入前视栏。

④在Ⅱ点处架设仪器,读取后视点 ZD_1 上水准尺的读数并记入后视栏;再依次读取本站各中桩处的地面上竖立水准尺的读数,将各读数记入中视栏;最后读取 ZD_2 的读数并记入前视栏。

⑤按上述观测方法测出所有中桩并测至路线终点附近的水准点 BM_2。

⑥按下列公式计算各中桩地面高程。

视线高程 = 后视点高程 + 后视读数

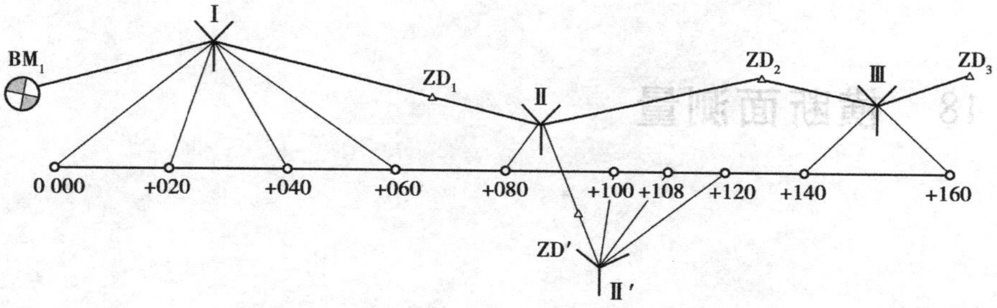

图 26　中平测量施测示意图

中桩高程 = 视线高程 − 中视读数

转点高程 = 视线高程 − 前视读数

5. 实训记录

路线中桩高程测量记录计算表

日期＿＿＿＿＿班级＿＿＿＿＿＿组别＿＿＿＿＿＿姓名＿＿＿＿＿＿学号＿＿＿＿＿＿

测点及桩号	水准尺读数/m			视线高程/m	高程/m	备　注
	后视	中视	前视			
校核						

实训 18　横断面测量

1. 实训目的

①熟悉横断面测量的方法。

②掌握横断面测量记录及成果整理的方法。

2. 仪器设备

每组水准仪 1 台、水准尺 2 根、钢尺 1 把、花杆 5 根、木桩 3 根、记录板 1 块。

3. 实训任务

每组用水准仪皮尺法完成道路横断面测量工作。

4. 实训步骤与方法

①按 20 m 的桩距设置中桩，在桩位处钉木桩，并标记桩号。

②确定中桩的横断面方向。在直线段，横断面方向应与路线方向垂直，一般用方向架确定；在曲线段，横断面方向应与测点切线方向垂直，一般用球心方向架测定。

③如图 27 所示，用水准仪皮尺法测量横断面。水准仪安置后，以中桩为后视，在横断面方向的边坡点上立尺进行前视读数，并用钢尺量出边坡点距中桩的水平距离，填写记录表格。

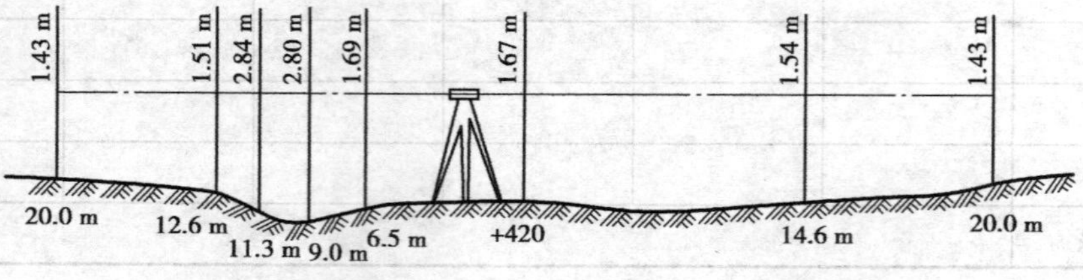

图 27　横断面测量示意图

5. 实训记录

横断面测量实习记录

日期__________班级__________组别__________姓名__________学号__________

桩号	各变坡点距中桩距离/m		后视读数/m	前视读数/m	各变坡点与中桩点间高差/m	备注
	左侧					
	右侧					
	左侧					
	右侧					

实训 19　全站仪测量及点位放样

1. 实训目的

①了解全站仪的功能及其主要部件的名称和作用。

②掌握全站仪的基本操作方法,并练习水平角、竖直角和距离的观测。

③掌握全站仪各种测量工作模式的操作方法,并练习坐标测量和施工放样的点位测设。

2. 仪器设备

每组全站仪 1 台、小钢尺 1 把、带脚架棱镜 2 个、单棱镜 1 个、记录板 1 块。

3. 实训任务

每组完成水平角、竖直角、水平距离、点的坐标测量及坐标点的实地放样任务。

4. 实训步骤与方法

1)全站仪的外部构件及名称

图 28 为苏州一光仪器有限公司的 RTS620 系列电子全站仪的外部构件及名称。

2)全站仪的基本操作

(1)安装内部电池

测前应检查内部电池的充电情况,如电力不足要及时充电,充电方法及时间要按使用说明书进行,不要超过规定的时间。测量前装上电池,测量结束应卸下。

(2)安置仪器

操作方法和步骤与经纬仪类似,包括对中和整平。若全站仪具备激光对中和电子整平功能,在把仪器安装到三脚架上后,应先开机,然后选定“对中/整平”模式后再进行相应的操作。开机后,仪器会自动进行检查。自检通过后,屏幕显示测量的主菜单,如图29所示。

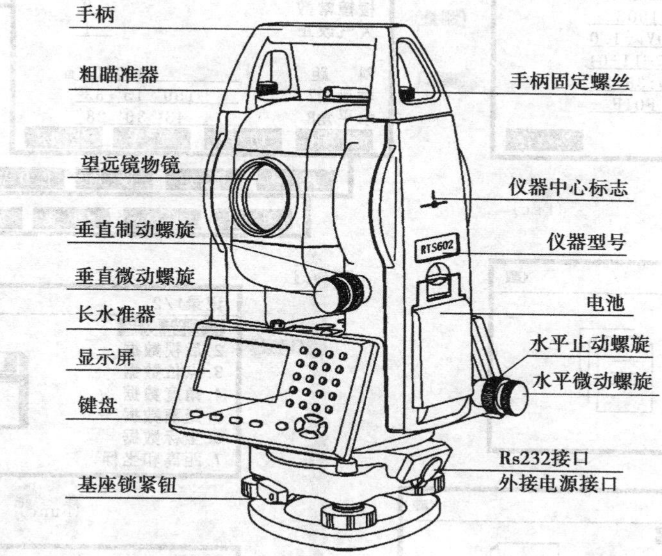

图28 RTS620系列电子全站仪

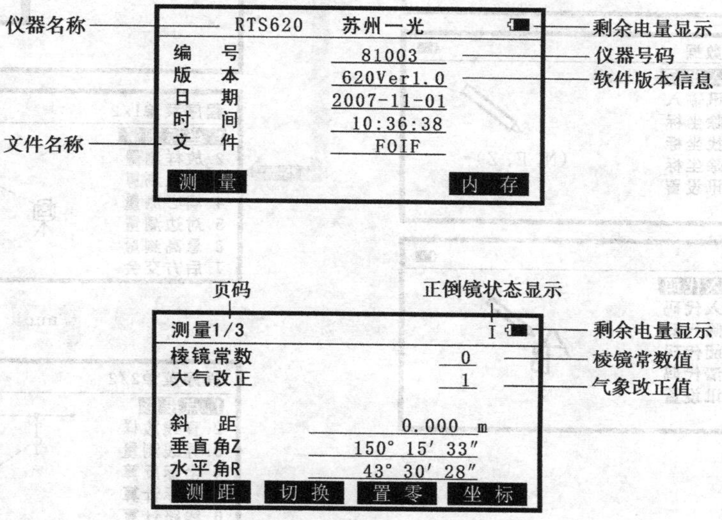

图29 状态模式屏幕

3) RTS620系列全站仪的主要功能

不同厂家生产的全站仪,同一厂家生产的不同等级的全站仪,甚至同一厂家不同时期生产的同一等级全站仪,其外观、结构、功能、键盘设计、操作方法和步骤等都有所区别。现以RTS620系列全站仪为例,介绍其操作功能,如图30所示。

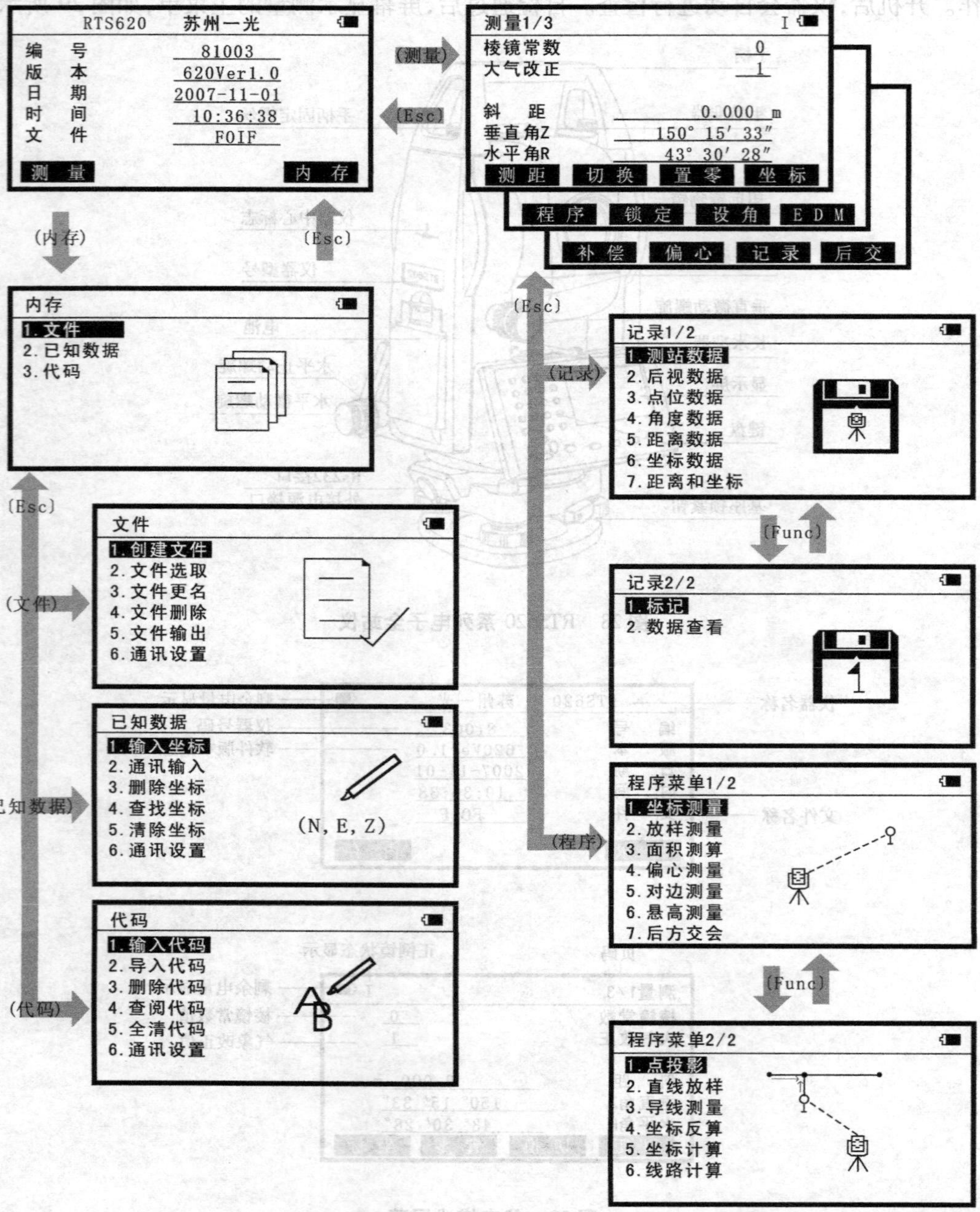

图 30 RTS620 系列全站仪模式结构图

4)全站仪的操作使用

(1)距离测量

①照准目标。

②进入测量模式。

③按【F1】(测距)键开始距离测量。

④按【F4】(停)键停止距离测量。

⑤按【F2】(切换)键可使距离值的显示为斜距、平距和高差,如图 31 所示。

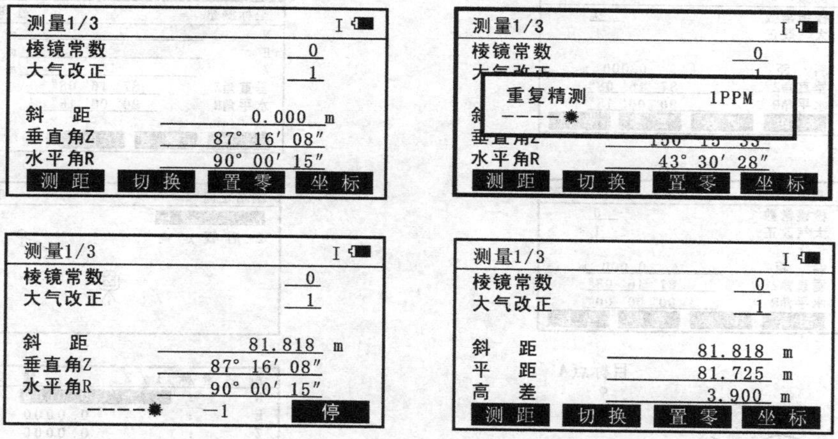

图 31　距离测量

(2)角度测量

①瞄准某一目标点 A。

②在测量模式第 1 页菜单下按【F3】(置零)键,此时置零变为白显。

③再次按【F3】(置零)键,按键反黑显示。此时目标点 A 方向值已置为零。

④照准目标 B。屏幕显示的角度即为目标点间的夹角,如图 32 所示。

(3)坐标测量

①输入测站数据

- 进入测量模式第 1 页。
- 按【F4】(坐标)键进入“坐标测量”屏幕。
- 按【F1】(测站)键进入“测站定向”。
- 选取“测站坐标”。
- 输入测站坐标、点名、仪器高和代码数据。如图 33 所示。

②后视方位角设置

- 在“坐标测量”屏幕下按【F1】键选取“测站”,然后选取“后视定向”。
- 按【F1】(坐标)键,输入后视点的点名和坐标。
- 按【F4】(OK)键确认输入的后视点数据。
- 照准后视点按【F4】(YES)键设置并记录后视方位角。如图 34 所示。

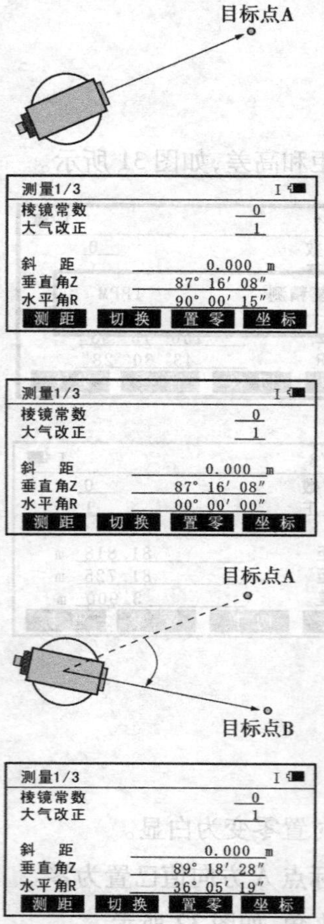

图32 角度测量图

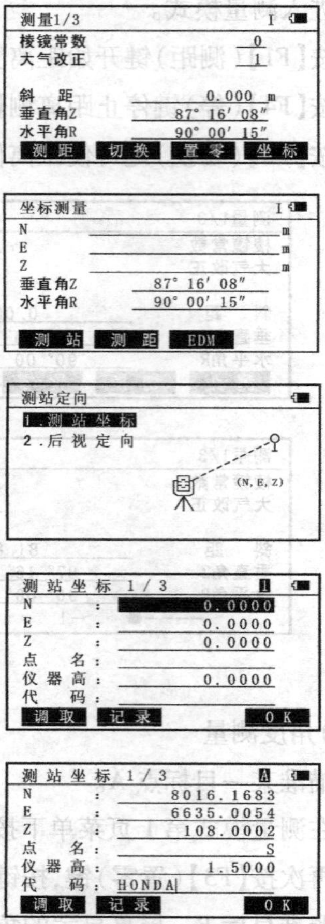

图33 输入测站数据

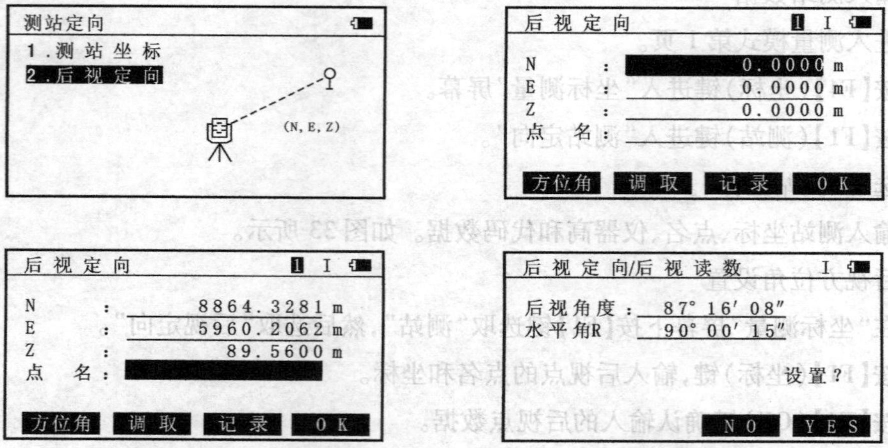

图34 后视方位角设置

③三维坐标测量

- 照准目标点上安置的棱镜。
- 进入“坐标测量”界面。
- 选取“测距”开始坐标测量，在屏幕上显示出所测目标点的坐标值。
- 照准下一目标点后按【F2】(测距)键开始测量。用同样的方法对所有目标点进行测量。如图 35 所示。
- 按【ESC】键结束坐标测量返回“坐标测量”界面。

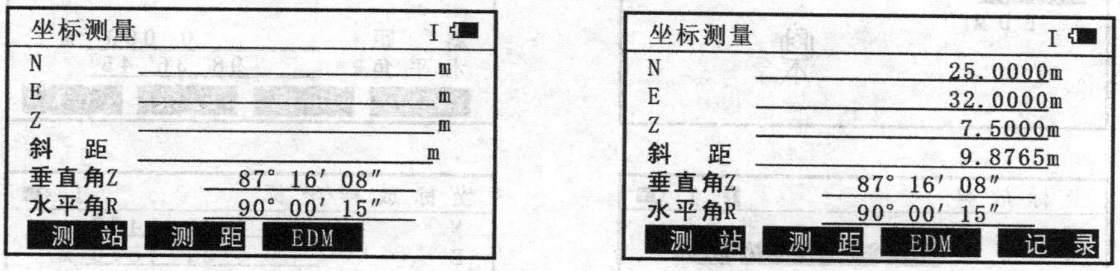

图 35　三维坐标测量

(4)坐标放样测量

①进入测量模式第 2 页，按【F1】(程序)键进入“程序菜单”显示。

②选取“放样测量”进入。

③选取“坐标”进入，按【F1】(测站)键设置测站数据和后视坐标方位角。

④输入放样点坐标。

⑤按【F4】(OK)键确认输入放样点坐标。

⑥按【F1】(测距)键开始坐标放样测量。通过观测和移动棱镜测设出放样点位，如图 36 所示。

⑦按【F4】(OK)键返回“放样测量”屏幕。

(5)对边测量

①进入测量模式第 2 页显示，按【F1】(程序)键进入“程序菜单”显示。

②选择“对边测量”进入。

③照准起始点，仪器自动进行测量，待显示测量值后按【F4】(停)键停止测量。

④照准目标点，按【F3】(放射)键对目标点进行测量。

⑤照准下一目标点并按【F1】(放射)键对目标点进行测量。用同样方法测量多个目标点与起始点间的斜距、平距和高差。

⑥按【F4】(YES)键结束对边测量，如图 37 所示。

(6)悬高测量

①将棱镜架设在待测物体的正上方或正下方并量取棱镜高，如图 38 所示。

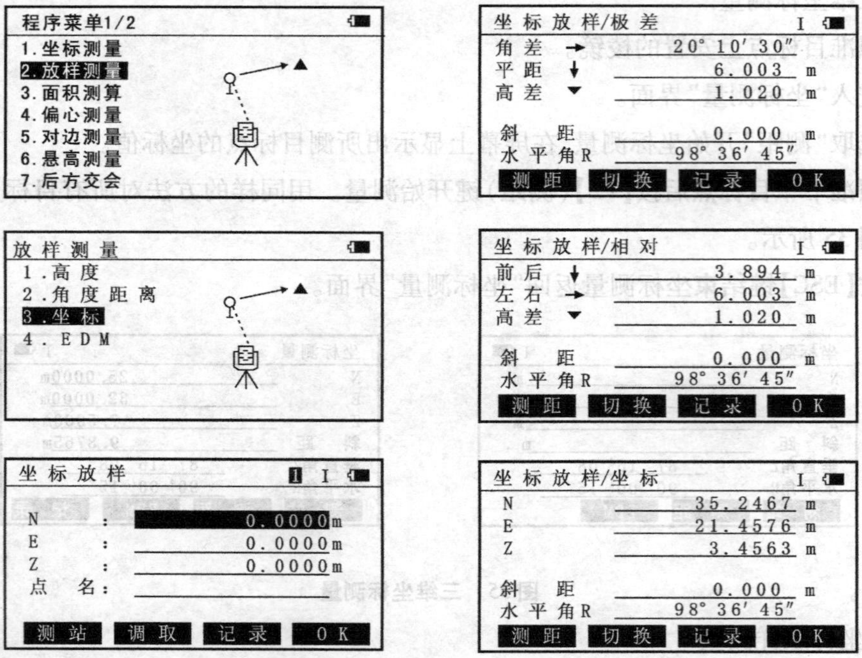

图 36　坐标放样测量

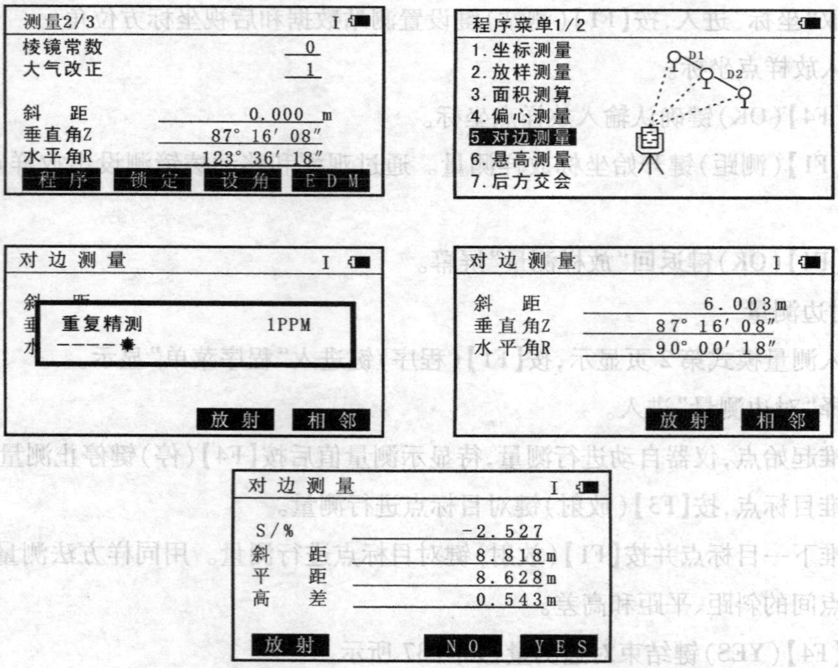

图 37　对边测量

②输入棱镜高。

③进入测量模式第2页显示。按【F1】(程序)键进入“程序菜单”显示。

④选择“悬高测量”进入。

⑤按【Space】键输入目标高,精确照准棱镜后,按【F1】(测距)键测距。

⑥转动望远镜照准待测物体,按【F2】(悬高)键,仪器屏幕显示出地面点至待测物体的“高度”。

⑦按【F4】(停)键停止悬高测量。

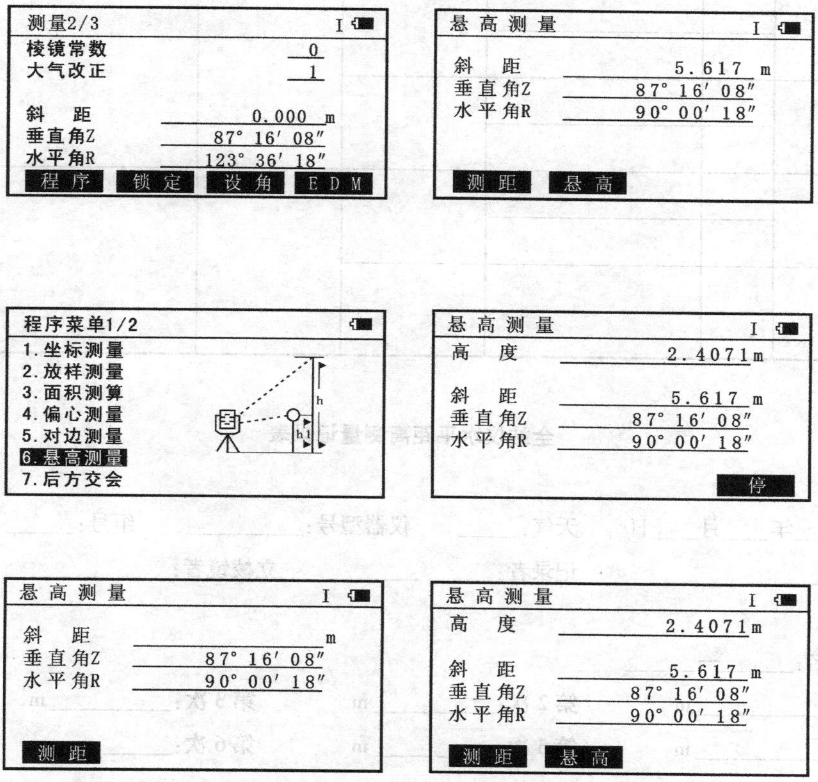

图38　悬高测量

5. 实训记录

全站仪测回法测水平角记录表

日期:____年____月____日　天气:______　仪器型号:__________　组号:______

观测者:________________　记录者:________________　立棱镜者:________________

测点	盘位	目标	水平度盘读数 /(° ′ ″)	水平角/(° ′ ″)		示意图
				半测回值	一测回值	

全站仪水平距离测量记录表

日期:____年____月____日　天气:______　仪器型号:__________　组号:______

观测者:________________　记录者:________________　立棱镜者:________________

直线段名:______—______

第1次:__________m　第2次:__________m　第3次:__________m

第4次:__________m　第5次:__________m　第6次:__________m

平　均:__________m。

直线段名:______—______

第1次:__________m　第2次:__________m　第3次:__________m

第4次:__________m　第5次:__________m　第6次:__________m

平均平距:__________m。

全站仪三维坐标测量记录表

日期:____年____月____日　天气:_____　仪器型号:__________　组号:______

观测者:______________　记录者:______________　立棱镜者:______________

已知:测站点______的三维坐标 $X=$________ m, $Y=$________ m, $H=$__________ m。

测站点______至后视点__________的坐标方位角 $\alpha=$__________。

量得:测站仪器高 =__________ m,前视点__________的棱镜高 =__________ m。

用盘左测得前视点______的三维坐标为: $X=$__________ m, $Y=$__________ m, $H=$__________ m。

用盘右测得前视点______的三维坐标为: $X=$__________ m, $Y=$__________ m, $H=$__________ m。

平均坐标为: $X=$______ m, $Y=$______ m, $H=$______ m。

全站仪点位放样记录表

日期:____年____月____日　天气:_____　仪器型号:__________　组号:______

观测者:______________　记录者:______________　立棱镜者:______________

已知:测站点________的三维坐标 $X=$________ m, $Y=$________ m, $H=$________ m。

测站点________至后视点__________的坐标方位角 $\alpha=$__________。

待放样点________的三维坐标 $X=$________ m, $Y=$________ m, $H=$________ m。

待放样点________的三维坐标 $X=$________ m, $Y=$________ m, $H=$________ m。

待放样点________的三维坐标 $X=$________ m, $Y=$________ m, $H=$________ m。

待放样点________的三维坐标 $X=$________ m, $Y=$________ m, $H=$________ m。

待放样点________的三维坐标 $X=$________ m, $Y=$________ m, $H=$________ m。

量得:测站仪器高 =__________ m,前视点__________的棱镜高 =__________ m。

则:待放样点____处的地面,需________(填"填"或"挖"),其填挖高度为________ m。

待放样点____处的地面,需________(填"填"或"挖"),其填挖高度为________ m。

待放样点____处的地面,需________(填"填"或"挖"),其填挖高度为________ m。

待放样点____处的地面,需________(填"填"或"挖"),其填挖高度为________ m。

待放样点____处的地面,需________(填"填"或"挖"),其填挖高度为________ m。

实训 20　用 GPS 建立测量控制网

1. 实训目的

①了解 GPS 的基本功能和操作方法。

②掌握用 GPS 建立测量控制网的方法。

2. 仪器设备

GPS 接收机 3 台、记录板 1 块、斧子 1 把、小钉若干、木桩若干。

3. 实训任务

用 GPS 完成控制点坐标的测量与计算工作，建立测量控制网。

4. 实训步骤与方法

(1)测量前准备工作

①在实习场地进行测量控制网点的标定(不少于 4 个点位)。

②检查接收机设备的各部件是否齐全、完好，紧固部件是否松动与脱落；通电后设备有关信号灯、按键、显示系统和仪表等工作是否正常；气象测量仪表、通风干湿温度计和空盒气压计是否齐全；对天线底座的圆水准器和光学对中器进行检验等。

③根据实习场地的位置，通过卫星可见预报选择满足测设的时段。明确观测卫星的高度截止角的值(15°或 10°)。

(2)GPS 外业的观测

①在所选点上利用三脚架在测量标志点的中心上安置 GPS 接收机，安置天线并量测天线高度，尽量采用直接对中观测，避免偏心观测。

②用接收机捕获 GPS 恒星信号，对其进行跟踪、接收和处理，获取所需的定位观测数据。

(3)基线解算与网平差

根据两测点同步观测的载位相位观测值,进行相对定位解算,算出两点间的坐标差。

5. 实训记录

用 GPS 建立测量控制网测量记录

<table>
<tr><td>测点号</td><td></td><td>测点名</td><td></td><td>测点位置</td><td></td></tr>
<tr><td>观测员</td><td></td><td>记录员</td><td></td><td>观测日</td><td></td></tr>
<tr><td colspan="2">接收设备</td><td colspan="2">天气状况</td><td colspan="2">测点近似位置坐标</td></tr>
<tr><td>接收机类型</td><td></td><td>气　象</td><td></td><td>纬　度</td><td></td></tr>
<tr><td>天线型号</td><td></td><td>风　向</td><td></td><td>经　度</td><td></td></tr>
<tr><td>存储介质编号</td><td></td><td>风　力</td><td></td><td>高　程</td><td></td></tr>
<tr><td rowspan="2">天线高</td><td>观测前</td><td></td><td colspan="2" rowspan="2">平均值</td><td rowspan="2"></td></tr>
<tr><td>观测后</td><td></td></tr>
<tr><td rowspan="3">观测时间</td><td></td><td></td><td colspan="2">卫星信号开始/变化</td><td></td></tr>
<tr><td></td><td></td><td colspan="2">总时段序号</td><td></td></tr>
<tr><td></td><td></td><td colspan="2">日时段序号</td><td></td></tr>
<tr><td colspan="2">气象参数</td><td colspan="4">外业观测记录及说明</td></tr>
<tr><td>时　间</td><td></td><td colspan="4" rowspan="4"></td></tr>
<tr><td>气　压</td><td></td></tr>
<tr><td>干　温</td><td></td></tr>
<tr><td>湿　温</td><td></td></tr>
</table>

用 GPS 建立测量控制网测量成果表

日期______　班级______　组别______　姓名______　学号______

点　号	x	y	高程 H	备　注

第3部分 测量综合实习指导

测量综合实习是在课堂教学结束之后在实习场地集中进行的测绘生产实践性教学，是各项课间实训的综合应用，也是巩固和深化课堂所学知识的必要环节。通过实习，不仅能够了解基本测绘工作的全过程，能够系统地掌握测量仪器操作、实施计算、地图绘制等基本技能，而且为今后从事专门测绘工作或解决实际工程中的有关测量问题奠定基础，还能在业务组织能力和实际工作能力方面得到锻炼，培养学生严肃认真的实习态度、踏实求是的工作作风、吃苦耐劳的工作精神、团结协作的集体观念。

1. 实习目的

①巩固和加深对测量基本理论和技术方法的理解与掌握，并使之系统化、整体化。

②熟练掌握常用测绘仪器的操作与使用方法，掌握运用其进行测定与测设的步骤与方法。

③培养独立组织与实施测量、数据整理、成果校核等职业技能。

④培养分析问题、解决问题能力，培养严谨、求实、刻苦钻研、团结协作等工作作风、精神与观念。

2. 实习组织、计划及注意事项

1) 实习组织

以班级为单位建立测量实习队，由指导教师为队长，班长和测量课代表为副队长，全队设若干小组，每组 5 ~6 人，设正、副组长各 1 名。由指导教师布置实习任务和计划，正组长负责全组的实习、生活安排，副组长负责仪器管理工作。

2) 每组配备的仪器和工具

水准仪 1 台、经纬仪 1 台、平板仪 1 套、钢尺 1 把、水准尺 2 根、尺垫 2 个、花杆 2 根、测钎 1 组、记录板 1 块、工具袋 1 个、斧头 1 把、木桩若干、测伞 1 把、地形图图式 1 本、绘图纸 1 张，各组自备三棱尺、三角板、量角器、圆规或分规、铅笔、橡皮、胶带纸及计算器。

3) 实习计划及要求

实习时间一般为 2 周（根据不同专业确定实习内容和时间），实习任务如表 1 所示：

表 1　实习任务安排表

项目	内　容	时间/天	任　务
1	实习动员、借领仪器、仪器检验、踏勘	0.5	做好出测前的准备工作
2	控制测量	2.5	平面控制测量与高程控制测量
3	大比例尺地形图的测绘	3	测绘 1:500 比例尺地形图 1 幅，掌握测绘工作的全过程
4	点位测设	2	掌握点的平面位置和高程测设方法，实习建筑物（构筑物）的施工放样
5	参观与学习	1	参观学习施工测量与全站仪
6	实习总结、考核	1	归还仪器，整理资料，考核等

4) 实习注意事项

①仪器借领、使用和保管应严格遵守本书第一部分"实训须知"中的有关规定。

②实习期间的各项工作，由组长全面负责，合理安排，以确保实习任务的顺利完成。

③每次出发和收工时均应清点仪器和工具。每天晚上应整理外业观测数据并进行内

业计算。原始数据及成果资料应整洁齐全,妥善保管。

④严格遵守实习纪律,服从指导教师、班组长的分配。不得无故缺席或迟到早退;病假应由医生证明,事假应经教师批准,无故缺席者,作旷课论处;缺课超过实习时间的1/3者,不评定实习成绩。

3. 实习的内容、方法及技术要求

1)大比例尺地形图的测绘

本项实习内容为:在测区内布设平面和高程的图根控制网,测定图根控制点;进行碎部测量,测定地物和地貌特征点;然后依测图比例尺和图式符号进行描绘、拼接和整饰地形图。

(1)平面控制测量(导线测量)

在测区实地踏勘,进行图根网选点。在城镇区一般布设闭合或附合导线。在控制点上进行测角、量距、连测等工作,经过内业计算获得图根点的平面坐标。

①选点设立标志　根据已知控制点的点位,在测区内选择若干控制点,选点的密度应能控制整个测区,以便于碎部测量。导线边长应大致相等,边长不超过100 m。控制点的位置应选在土质坚实处,以便保存标志和安置仪器。相邻控制点应通视良好,便于测角和量距。

点位选定后即打下木桩,桩顶钉上小钉作为标记,并编号。如无已知等级控制点,可按独立平面控制网布设、假定起点坐标,用罗盘仪测定起始边的磁方位角,作为测区的起算数据。

②测角　水平角观测用光学经纬仪,采用测回法观测一测回,要求两个半测回角值之差不应大于$\pm 40''$,角度闭合差的限差为$\pm 40''\sqrt{n}$(n为测角数)。

③量距　导线的边长用检定过的钢尺采用一般量距的方法进行往返丈量,边长相对误差的限差为1/3 000 。有条件的或无法直接丈量的情况下可用全站仪测定边长。

④平面坐标计算　将校核过的外业观测数据及起算数据填入导线坐标计算表中进行计算,推算出各导线点的平面坐标,其导线全长相对闭合差的限差为1/2 000。计算中角度取至秒,边长和坐标值取至厘米。

(2)高程控制测量

首级高程控制点可设在平面控制点上,根据已知水准点采用四等水准测量的方法测定。图根点高程可沿图根平面控制点采用闭合或附合路线的图根水准测量方法进行测定。

①水准测量　四等水准测量用 DS_3 型微倾式水准仪沿路线单程测量，各站采用双面尺法或改变仪器高法进行观测，并取平均值为该站的高差。视线长度不应大于 80 m，路线高差闭合差限差为 $f_{h容} = \pm 20\sqrt{L}$ mm 或 $\pm 6\sqrt{n}$ mm，式中 L 为路线总长的公里数；n 为测站数。其余按四等水准测量要求进行。图根水准测量视线长度不应大于 100 m，路线高差闭合差限差为 $f_{h容} = \pm 40\sqrt{L}$ mm 或 $\pm 12\sqrt{n}$ mm。

②高程计算　对路线闭合差进行平差后，由已知点高程推算各图根点高程。观测和计算单位均取至毫米，最后成果取至厘米。

(3)碎部测量

做好测图前的准备工作后，在各图根控制点上设站测定碎部点的位置，同时展绘地形与地物。

①准备工作　在聚酯薄膜上用对角线法或坐标格网尺法绘制坐标方格网，纵横线间隔为 10 cm，线粗为 0.1 mm 。要求方格网实际长度与理论长度之差不大于 0.2 mm，方格网对角线长度与理论长度之差不大于 0.3 mm，方格对角线上三点共线的偏差应小于 0.2 mm，控制点间的图上长度与坐标反算长度之差不大于 0.3 mm。比例尺为 1:500，每幅图至少有 8 个解析图根点。

②测绘方法及要求　测绘方法可选用小平板仪与皮尺与水准仪联合测绘法、经纬仪(或水准仪)与小平板仪联合测绘法、大平板仪测绘法、经纬仪测绘法等。

平板仪对中偏差不应大于 2.5 cm，经纬仪对中偏差不应大于 3 mm，平板仪测绘以较远的点定向在图上的偏差不应大于 0.3 mm。

当比例尺为 1/500 时地物点和地形点视距的最大长度：地物点 40 m，地形点 70 m。

展绘时应按地形图图式符号表示出各项地物、地貌要素以及各类控制点等。高程注记在测点右上角，字头朝北。

(4)地形图的拼接、检查和整饰

①拼接　每幅图应测出图上图廓外 5 mm，以便与相邻图幅进行拼接。接边时的容许误差，对一般地区，主要地物不应大于 1.2 mm，次要地物不应大于 1.6 mm，等高线偏差不应超过一条等高线。

②检查　先检查接边是否正确，各种符号注记是否正确，地物、名称注记是否遗漏，等高线与高程注记有无矛盾等，发现问题应进行外业对照检查，必要时应进行设站检查或补测。

③整饰　原图经拼接和检查无误后，按大比例尺地形图图式规定的符号，用铅笔进行清绘和整饰，整饰要求真实、准确、清晰、美观。整饰顺序为：先图内后图外、先地物后地貌、先注记后符号，最后写上图名、图号、接图表、比例尺、坐标系统及高程系统、施测单位、测绘者及测量日期等。

2）点位测设

本项实习包括点的平面和高程位置测设。根据图上设计的建（构）筑物轴线交点的设计坐标、地坪标高及附近控制点坐标与高程，结合现场实际情况采用直角坐标法、极坐标法、角度交会法和距离交会法测设点的位置。

（1）平面位置测设

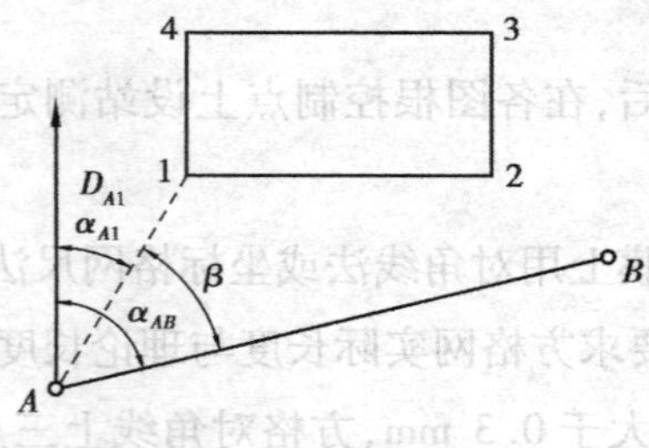

图 39　极坐标法测设点位

①根据极坐标法测设　如图 39 所示，根据控制点 A，B 测设建筑物角点 1，2 的位置。计算 β 和 D_{A1} 测设数据：

$$\alpha_{ab} = \arctan^{-1}\frac{y_B - y_A}{x_B - x_A}$$

$$\alpha_{a1} = \arctan^{-1}\frac{y_1 - y_A}{x_1 - x_A}$$

$$\beta = \alpha_{AB} - \alpha_{A1}$$

$$D_{A1} = \sqrt{(x_1 - x_A)^2 + (y_1 - y_A)^2}$$

根据求得的放样数据 β 和 D_{A1} 测设 1 点时，在 A 处安置经纬仪，后视 B 点，用正倒镜取中法测设 β 角，在 $A1$ 方向上用钢尺测设 D_{A1} 水平距离即得 1 点。用同法可测设出 2，3，4 点。最后检查建筑物的边长和角度是否符合要求。

②根据直角坐标法测设　如图 40 所示，OB，OC 是两条互相垂直的控制网边线，根据设计图上建筑物四个角桩的坐标，在实地测设出建筑物轴线交点 1，2，3，4 的位置。

测设时，在 O 点安置经纬仪，瞄准 C 点，在此方向上以 O 点向 C 点测设 10.00 m 和 90.00 m，定出 1′点和 2′点。然后搬仪器至 1′点，瞄准 C 点，盘左、盘右取中法测设 90°角，得 1′4 方向线，在此方向由 1′点量 20.00 m 和 50.00 m 得 1 点和 4 点。再搬仪器至 2′点，瞄

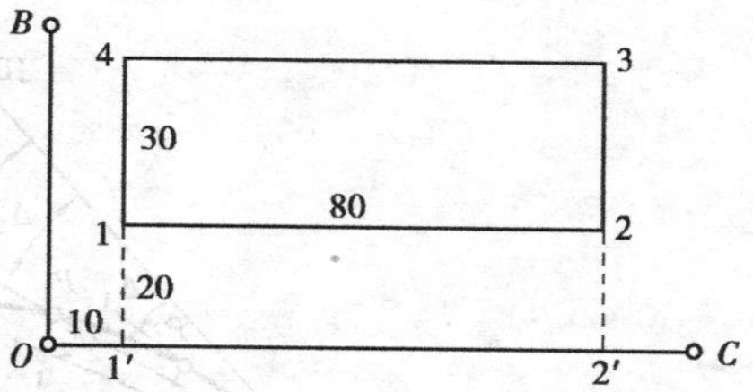

图40　直角坐标测设点位

准 O 点用同样方法可得2点和3点。最后检查1,2和3,4点之间的距离是否为80.00 m，相对误差不应大于1/5 000。角度误差不得大于±10″,否则应调整点位。

(2)高程测设

如图41所示,根据建筑物附近已有水准点 BM_B 其高程为26.500 m，测设点1,2,3,4使其高程为26.750 m(±0.000 设计标高)。

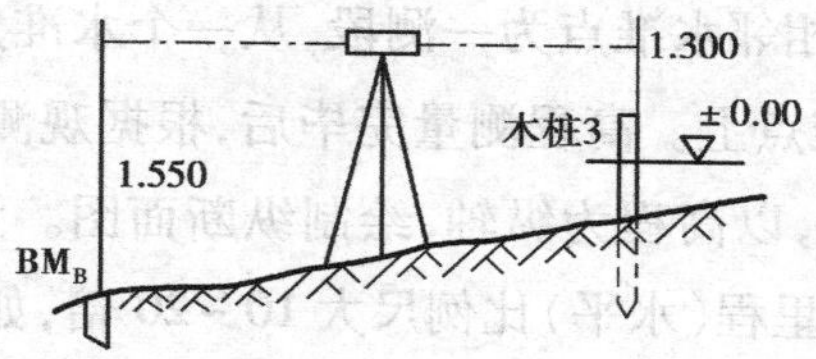

图41　高程测设

在木桩3和水准点 B 之间安置水准仪,后视水准点上的水准尺读数为1.550 m，计算出测设点3前视读数 $b=26.500\ \text{m}+1.550\ \text{m}-26.750\ \text{m}=1.300\ \text{m}$，将水准尺靠3点桩上下移动,当水准仪前视读数为1.300 m时,紧靠尺底在木桩上划一红线,此线即为室内地坪±0.000的位置。

(3)线路测量

本项实习的内容包括定线测量、中线测量、圆曲线测设、纵横断面测量等。

①定线测量　对于地形图上设计出含有两个转折点的线路中线,可根据中线附近的控制点和明显的地物点采用直接定交点法,或采用穿线交点与拨角放线相结合的方法放线。放线数据可按图解法或解析法求得。放点方法常用极坐标法或支距法。

②中线测量　根据设计图和实际情况,中线测量可采用解析法、图解法和现场选线法,定出百米桩,并在地形变化点、地质变化点、人工建筑物等处加桩。中线定线可采用经纬仪或目测法定向,桩点横向偏差应小于1/1 000。

③圆曲线测设　首先计算圆曲线测设要素:切线长 T、外矢距 $\boldsymbol{E}$、曲线主点的里程。圆曲线的测设一般分两步进行,如图42所示。先测设曲线的主点,即曲线的起点、中点和终点。然后在主点间进行加密,按规定桩距采用偏角法测设曲线上的细部点,以便完整地标出曲线的平面位置。

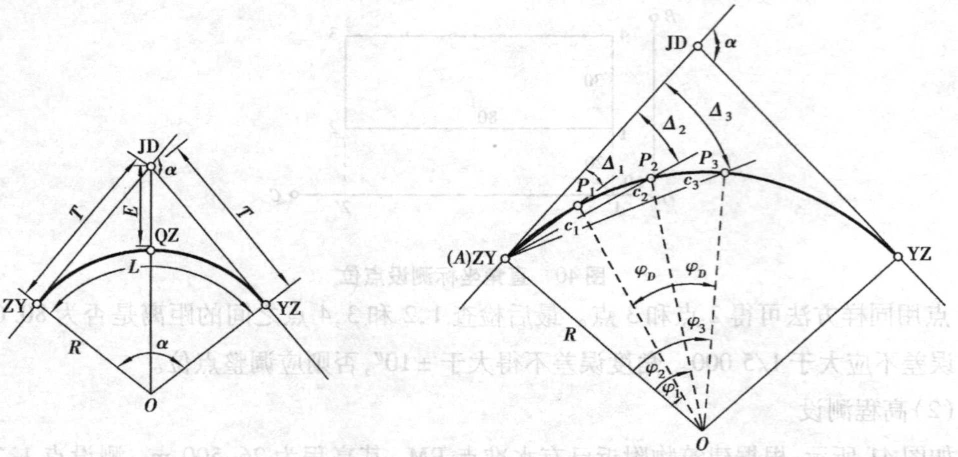

图 42　圆曲线测设

④纵断面测量　一般以相邻水准点为一测段，从一个水准点出发，逐个施测中间桩的地面高程，附合到另一个水准点上。高程测量完毕后，根据观测的结果，按选定的比例尺，以水平距离（中桩号）为横轴，以高程为纵轴，绘制纵断面图。为了明显表示地势变化，图的高程（竖直）比例尺通常比里程（水平）比例尺大 10 ~20 倍，如里程比例尺为 1∶2 000，则高程比例尺应为 1∶200 或 1∶100。

⑤横断面测量　在地面坡度变化较大的地方，每小组测 5 ~10 个中间桩的横断面。横断面的方向用方向架测定。断面方向上边坡点的距离和高差可采用标杆皮尺法、水准仪皮尺法或经纬仪视距法测定。横断面施测宽度视具体情况而定，一般自中线两侧各测 20 ~30 m。

根据横断面测算成果绘制横断面图。横断面图的高差和距离比例尺相同，通常采用 1/200。

3）参观与学习

①根据专业特点，参加附近施工单位正在进行的施工测量工作（建筑物或构筑物定位、放线、抄平，结构吊装测量，变形观测等），开拓知识领域，增强实际技能。

②为扩大知识面，进行全站仪等新仪器见习。请生产单位、科研单位开办国内外测绘新技术发展讲座并现场观摩。

4. 实习成果整理、技术总结和考核

1）实习成果整理

在实习过程中，所有外业观测数据必须记录在测量手簿上，如遇测错、记错或超限，应按规定的方法改正；内业计算也应在规定的表格上进行。全部实习结束时，应对成果资料进行整理编号。

（1）个人应交资料

①平面与高程控制测量内业计算表；

②图根控制点成果表（附示意图）；

③点位测设计算表；

④实习报告。

（2）小组应交资料

①平面与高程控制测量、碎部测量记录表；

②1∶500 地形图一幅；

③测设略图一张。

2）实习报告的撰写

①封面　实习名称、地点、起讫时间、班组、编写人及指导教师姓名；

②目录；

③前言　说明实习的目的、任务、过程；

④实习内容　叙述测量的顺序、方法、精度要求、计算成果及示意图等；

⑤实习体会　介绍实习中遇到的技术问题，采取的处理方法，对实习的意见和建议等。

3）实习成绩考核

（1）考核依据

依据实习态度、实习纪律、实际操作技能、熟练程度、分析和解决问题的能力、完成实习任务的质量、爱护仪器的情况、实习报告编写的水平等来评定。最后通过口试质疑、笔试及实际操作考核来评定实习成绩。

（2）考核方式

在实习中了解学生的操作情况，进行口试质疑，笔试或操作演示等，小组成绩占总评成绩的50%，个人成绩占总评成绩的50%。

(3)成绩评定

实习成绩的评定分优、良、中、及格、不及格。凡缺勤超过实习天数的1/3、损坏仪器、违反实习纪律、未交成果或伪造成果等均作不及格处理。

附 录

附录1 测量工作中常用的计量单位

在测量工作中,常用的计量单位有长度、面积、体积和角度4种计量单位。我国的法定计量单位体系是国际单位制(IS),测量工作必须使用法定计量单位。

1. 长度单位

我国法定长度计量单位为米(m)。测量中常用的长度单位还有千米(km)、分米(dm)、厘米(cm)、毫米(mm)。

1 m = 10 dm = 100 cm = 1 000 mm

1 km = 1 000 m

2. 面积单位

我国法定面积计量单位为平方米(m^2)。此外,根据实际测量需要还有平方毫米(mm^2)、平方厘米(cm^2)、平方分米(dm^2)、平方千米(km^2)及公顷(hm)、市亩等面积计量单位。

1 m^2 = 10 000 cm^2

1 hm = 10 000 m^2 = 15 市亩

1 km^2 = 1 000 000 m^2 = 100 hm

1 市亩 = 666.7 m^2

3. 体积单位

我国法定体积计量单位为立方米(m^3),工程上简称为“立方”或“方”。

$1\ m^3 = 1\ 000\ 000\ cm^3$

4. 角度单位

测量工作中常用的角度度量制有3种:弧度制、60进制和100进制。其中弧度制和60进制的度、分、秒为我国法定平面角计量单位。

(1)60进制在计算器上常用“DEG”符号表示。

1 圆周角 $=360°$

$1° = 60'$

$1' = 60''$

(2)100进制在计算器上常用“GRAD”符号表示。

1 圆周角 $=400$ g(百分度)

1 g = 100 c(百分分)

1 c = 100 cc(百分秒)

$1\ g = 0.9°$　　$1\ c = 0.54'$　　$1\ cc = 0.324''$

$1° = 1.111\ 11\ g$　　$1' = 1.851\ 85\ c$　　$1'' = 3.086\ 42\ cc$

百分度现通称“冈”,记作“gon”, 冈的千分之一为毫冈,记作“mgon”。

例如:0.058 gon = 58 mgon。

(3)弧度制在计算器上常用“RAD”符号表示。

1 圆周角 $=360° = 2\pi$ rad

$1° = (\pi/180)$ rad

$1' = (\pi/10\ 800)$ rad

$1'' = (\pi/648\ 000)$ rad

一弧度所对应的度、分、秒角值为:

$\rho = 180°/\pi \approx 57.3° \approx 3\ 438' \approx 206\ 265''$

附录2　测量计算中的有效数字

1. 有效数字的概念

测量结果都是包含误差的近似数据,在其记录、计算时应以测量可能达到的精度为依据来确定数据的位数和取位。如果参加计算的数据的位数取少了,就会损害外业成果的精度并影响计算结果的应有精度;如果位数取多了,易使人误认为测量精度很高,且增加了不必要的计算工作量。

一般而言,对一个数据取其可靠位数的全部数字加上第一位可疑数字,就称为这个数据的有效数字。

一个近似数据的有效位数是该数中有效数字的个数,指从该数左方第一个非零数字算起,到最末一个数字(包括零)的个数,它不取决于小数点的位置。

2. 数字凑整规则

由于数字的取舍而引起的误差称为“凑整误差”或“取舍误差”。为避免取舍误差的迅速积累而影响测量成果的精度,在计算中通常采用如下凑整规则:

①若拟舍去的第一位数字是0至4中的数,则被保留的末位数不变。

②若拟舍去的第一位数字是6至9中的数,则被保留的末位数加1。

③若拟舍去的第一位数字是5,其右边的数字皆为0,则被保留的末位数是奇数时就加1,是偶数时就不变。

3. 数字运算规则

在数字的运算中,往往需要运算一些带有凑整误差的不同小数位的数值,这时应按下列规则进行合理取位。

①加减运算:在加减时,各数的取位是以小数位数最少的数为标准,其余各数均凑整成比该数多一位小数。

②乘除运算:乘除时,各数的取位是以“数字”个数最少的为准,其余各数及乘积(商)

均凑整成比该数多一个“数字”的数,该“数字”与小数点位置无关。

③三角函数:三角函数值的取位与角度误差的对应关系如下:

角度误差	10″	1″	0.1″	0.01″
函数值位数	5 位	6 位	7 位	8 位

附录 3　常规测量仪器技术指标及用途

1. 水准仪系列主要技术参数及用途(见附表 3.1)

附表 3.1　水准仪系列主要技术参数及用途表

内容 \ 仪器等级		DS_{05}	DS_1	DS_3	DS_{10}
每千米水准测量往返高差均值偶然中误差不超过/mm		±0.5	±1.0	±3.0	±10.0
望远镜放大率不小于/倍		42	38	28	20
望远镜物镜有效孔径不小于/mm		55	47	38	28
水准管分划值/[(″)/2 mm]		10	10	20	20
圆水准器角值不大于/[(′)/2 mm]	圆形			8	10
	十字形式	2	2	—	—
自动安平补偿性能	补偿范围/(′)	±8	±8	±8	±10
	安平精度/(″)	±0.1	±0.2	±0.5	±2
测微器	测量范围/mm	5	5	—	—
	最小分划值/mm	0.05	0.05	—	—
主要用途		国家一等水准测量及地震水准测量	国家二等水准测量及其他精密水准测量	国家三、四等水准测量及一般工程水准测量	一般工程水准测量
相应精度的常用仪器		Ni004 N_3 HB-2 DS_{05} Koni002	Ni2 HA DS_1 Koni007	Ni030 N_2 NH_2 DS_{3-2} DZS_{3-1} Koni025	Ni4 N10 HC-2 DS_{10} DZS_{10} GK_1

2. 经纬仪系列主要技术参数及用途(见附表 3.2)

附表 3.2 经纬仪系列主要技术系数及用途表

内容 \ 仪器等级		DJ_{07}	DJ_1	DJ_2	DJ_6	DJ_{15}
室内一测回一水平方向中误差不大于/(″)		±0.6	±0.9	±1.6	±4.0	±8.0
望远镜放大率/倍		30 45 55	24 30 45	28	20	20
望远镜物镜有效孔径/mm		65	60	40	40	30
望远镜最短视距/m		3	3	2	2	1
圆水准器角值不大于/[(′)/2 mm]		8	8	8	8	8
水准器角值[(″)/2 mm]	照准部	4	6	20	30	30
	竖直度盘指标	10	10	20	30	—
竖盘指标自动补偿器	工作范围/(′)	—	—	±2	±2	—
	安平中误差/(″)	—	—	±0.3	±1	—
水平度盘读数最小格值		0.2″	0.2″	1″	1′	1′
主要用途		国家一等三角测量及天文测量	国家二等三角测量及精密工程测量	三、四等三角测量、等级导线测量及一般工程测量	大比例尺地形测量及一般工程测量	一般工程测量
相应精度的常用仪器		Theo003 TP_1 $TT_{2/6}$ T4 DJ_{07-1}	Theo002 DKM3A NO3 T3 OT-02 DJ_1	Theo010 DKM2 TE-B1 T2 TH2 OTC ST200 DJ_2	Theo020 Theo030 DKM1 T1 T16 $TE-D_1$ TDJ_6-E DJ_6	DK1 TH4 CJY-1 T0 TE-E6

附录4 测量放线工(中级)职业技能岗位标准

1.要 求

(1)知识要求

①掌握制图基本知识,看懂并审校较复杂的施工总平面图和有关测量放线的施工图的关系及尺寸,大比例尺工程地形图的判读及应用。

②掌握测量内业计算的数学知识和函数型计算器的使用知识,对平面为多边形、圆弧形的复杂的建(构)筑物四廓尺寸交圈进行校算,对平、立、剖面有关尺寸进行核对。

③熟悉一般建筑结构,装修施工的程序、特点及对测量、放线工作的要求。

④场地建筑坐标系与测量坐标系的换算、导线闭合差的计算及调整、直角坐标及极坐标的换算、角度交会法与距离交会定位的计算。

⑤钢尺量具,测设水平距离中的尺长、温度、拉力、垂曲和倾斜的改正计算,视距测量和计算。

⑥普通水准仪的基本构造、轴线关系、检校原理和步骤。

⑦水平角与竖直角的测量原理,普通经纬仪的基本构造、轴线关系,检校原理和步骤,测角、设角和记录。

⑧光电测距和激光仪器在建筑施工测量中的一般应用。

⑨测量误差的来源、分类及性质,施工测量的各种限差,施测中对量具、水准、测角的精度要求以及产生误差的主要原因和消减方法。

⑩根据整体工程施工方案,布设场地平面控制网和高程控制网。

⑪沉降观测的基本知识和竣工平面图的测绘。

⑫一般工程施工测量放线方案编制知识。

⑬班组管理知识。

(2)操作要求

①熟练掌握普通水准仪和经纬仪的操作、检校。

②根据施工需要进行水准点的引测、抄平和皮数杆的绘制,平整场地的施测、土方计算。

③经纬仪在两点间投测方向点、直角坐标法、极坐标法和交会法测量或测设点位，以及圆曲线的计算与测设。

④根据场地地形图或控制点进行场地布置和地下拆迁物的测定。

⑤核算红线桩坐标与其边长、夹角是否对应，并实地进行校测。

⑥根据红线桩或测量控制点，测设一般工程场地控制网或建筑主轴线。

⑦根据红线桩、场地平面控制网、建筑主轴线或按地物关系进行建筑物定位、放线，以及从基础至各施工层上的弹线。

⑧民用建筑与工业建筑预制构件的吊装测量，多层建筑、高层建(构)筑物的竖向控制及标高传递。

⑨场地内部道路与各种地下、架空管道的定线，纵断面测量和施工中的标高、坡度测设。

⑩根据场地控制网或重新布测图根导线，实测竣工平面图。

⑪用水准仪进行沉降观测。

⑫制定一般工程施工测量放线方案，并组织实测。

2. 内　容

1)基本知识

(1)识图、审图

①地形图的阅读与应用；

②对总平面图中拟建建筑物的平面位置与高程的审核；

③定位轴线的审核；

④建筑平面图、基础图、立面图与剖面图相互关系的审核；

⑤标准图的应用。

(2)工程构造

①日照间距与防火间距；

②定位轴线、变形缝与楼梯。

(3)应用数学

①平面几何、三角函数计算；

②函数型计算器的使用。

2)专业知识

(1)误差概念

①中误差、边角精度匹配与点位误差;

②误差、错误及限差的处理。

(2)测量坐标与建筑坐标

①两种坐标的特点;

②两种坐标系关系及换算。

(3)建筑工程施工测量规程

①测量放线与验线工作的基本准则;

②记录、计算的基本要求。

(4)水准测量

①水准测量原理;

②水准仪的构造、特点及安置;

③实测闭合路线水准测量,并进行测量成果校核与调整;

④水准仪的检校。

(5)角度测量

①经纬仪的原理、特点与操作;

②测回法测设水平角;

③竖直角测法与三角高程测量;

④在两点间测设直线上的点;

⑤经纬仪的检校。

(6)测设工作

①点位测设的四种方法;

②圆曲线主点与辅点测设。

(7)施工测量

①一般场地控制测量;

②建筑物定位放线与基础放线;

③竖向控制与标高传递;

④沉降观测。

3）其他知识

（1）安全生产

①安全施工作业的一般规定；

②防止事故的具体措施。

（2）文明施工

制定文明施工的具体措施。